高职高专化工专业系列教材

钾肥生产实训指导书

方黎　马明珠　主编
李永梅　副主编
车广云　主审

化学工业出版社

·北京·

内容简介

本书以盐湖资源光卤石为原料,通过冷分解-正浮选-洗涤法生产钾肥工艺流程,讲解其岗位设置和岗位任务。并通过实训任务,让学生掌握核心设备的操作方法,了解岗位安全生产管理制度。最后通过完整的实训生产任务让学生掌握钾肥生产从原料到产品的完整生产线。

本书可供高等职业院校应用化工技术专业及相关专业教学使用,也可供相关企业人员培训使用,还可供盐湖化工相关企业专业技术人员学习、参考。

图书在版编目(CIP)数据

钾肥生产实训指导书/方黎,马明珠主编. —北京:
化学工业出版社,2023.9
高职高专化工专业系列教材
ISBN 978-7-122-43752-5

Ⅰ.①钾… Ⅱ.①方… ②马… Ⅲ.①钾肥-化工生产-
高等职业教育-教材 Ⅳ.①TQ443

中国国家版本馆 CIP 数据核字(2023)第 119019 号

责任编辑:潘新文   装帧设计:韩 飞
责任校对:张茜越

出版发行:化学工业出版社(北京市东城区青年湖南街 13 号   邮政编码 100011)
印   装:北京天宇星印刷厂
787mm×1092mm 1/16 印张 8¼ 字数 148 千字   2023 年 9 月北京第 1 版第 1 次印刷

购书咨询:010-64518888   售后服务:010-64518899
网   址:http://www.cip.com.cn
凡购买本书,如有缺损质量问题,本社销售中心负责调换。

定   价:32.00 元

2021年习近平总书记在考察青海时提出青海要进行"四地"建设。作为盐湖资源的储备地，海西成为"世界级盐湖产业基地"建设的核心区域，盐湖化工成为海西地区重点发展的支柱产业。盐湖中钾肥资源较为丰富，目前主要的生产工艺为"冷分解-正浮选-洗涤"法及"冷分解-反浮选-结晶"法。依托盐湖钾资源，青海省已经建成了多个钾肥厂。青海柴达木职业技术学院借助校企合作优势，按照行业理念和企业标准，建设了集实践教学、职工培训、技能鉴定、科研服务于一体的钾肥实训基地。

目前，钾肥实训基地拥有钾肥生产工艺、钾肥生产 DCS 控制系统、机械、仪电和 HSE 安全五大实训项目，可使用面积为 $350m^2$，拥有各类实验实训设备 25 台套，教学仪器设备总值 350 万元，具有鲜明的职业教育特色。该实训基地以深度的校企合作模式、一流的硬件设施、优秀的企业文化、创新的管理手段，成为体现高职教育发展规律和发展趋势的代表、校企合作的典范和特色办学的品牌。

本书特色一：内容基于当前设备，职业指向性强

本实训采用的钾肥实训基地大型的实训设备均按企业真实生产装置同比设置，采用企业真实的工艺流程、DCS 控制系统和半实物仿真技术。学生在与企业实际生产相同的实训环境中，运用真实的设备装置、工艺流程进行实践操作，所掌握的过硬的职业技能和养成的良好的职业素养，既保障其未来在相关企业"零距离"上岗，也实现了职业教育"做中学""学中做"校企深度融合。

本书特色二：实训内容校企共享性强

本书实训具有生产性、流程级、信息化特征，不仅能满足人才培养各方面的需求，还兼具企业职工培训、技能鉴定、技措改造、职业技能大赛开展等功能，成为促进校企合作和区域经济发展的助推器，保障了职业教育与区域经济和地方产业发展的紧密对接。

本书特色三：实训模式示范辐射性强

本实训实现了课堂与车间、理论与实践、教师与技师、学生与学徒、作品与产品、校园文化与企业文化的对接与融合，采用真正意义上的"教学工厂"模式。

本书由青海柴达木职业技术学院的方黎、马明珠任主编，全面负责组织全书内容的编写，并负责全书统稿工作。青海柴达木职业技术学院的李永梅任副主编，主要负责把握教材的结构、体例、定位和方向，同时参与部分编写工作。来自一线企业的丁建成、张金贵作为参编，承担本书部分内容的编写工作。本书由青海南玻日升新能源科技有限公司的车广云任主审。此外，北京华科易汇科技股份有限公司的魏文佳对于本书的大纲和逻辑结构的确定也给予了诸多指导。本书在编写过程中参考了大量相关文献资料，在此对相关作者一并表示感谢。由于编者水平有限，书中难免有不足之处，敬请读者批评指正。

编者

2023 年 7 月

目录

钾肥生产实训指导书

模块一　预备知识

一、盐化工的概念及钾肥生产基础知识 ⋯⋯⋯⋯⋯⋯⋯⋯⋯ 1

二、盐化工的基本原料与浮选原理 ⋯⋯⋯⋯⋯⋯⋯⋯⋯⋯ 2

三、冷分解-正浮选-洗涤法生产钾肥的工艺流程 ⋯⋯⋯⋯⋯⋯ 8

模块二　认识设备

实训 2-1　认识螺旋加矿机 ⋯⋯⋯⋯⋯⋯⋯⋯⋯⋯⋯⋯⋯ 10

实训 2-2　认识分解釜、调和釜、洗涤槽 ⋯⋯⋯⋯⋯⋯⋯⋯ 16

实训 2-3　认识浮选机 ⋯⋯⋯⋯⋯⋯⋯⋯⋯⋯⋯⋯⋯⋯⋯ 22

实训 2-4　认识过滤机 ⋯⋯⋯⋯⋯⋯⋯⋯⋯⋯⋯⋯⋯⋯⋯ 29

实训 2-5　认识传送带 ⋯⋯⋯⋯⋯⋯⋯⋯⋯⋯⋯⋯⋯⋯⋯ 35

实训 2-6　认识离心机 ⋯⋯⋯⋯⋯⋯⋯⋯⋯⋯⋯⋯⋯⋯⋯ 44

实训 2-7　认识干燥机 ⋯⋯⋯⋯⋯⋯⋯⋯⋯⋯⋯⋯⋯⋯⋯ 48

实训 2-8　认识旋风分离器 ⋯⋯⋯⋯⋯⋯⋯⋯⋯⋯⋯⋯⋯ 55

实训 2-9　认识布袋除尘器 ⋯⋯⋯⋯⋯⋯⋯⋯⋯⋯⋯⋯⋯ 61

实训 2-10　认识渣浆泵 ⋯⋯⋯⋯⋯⋯⋯⋯⋯⋯⋯⋯⋯⋯ 68

模块三　认识 DCS

实训　认识 DCS ⋯⋯⋯⋯⋯⋯⋯⋯⋯⋯⋯⋯⋯⋯⋯⋯⋯ 74

模块四　岗位安全操作

实训 4-1　冷分解操作 ………………………………………… 84

实训 4-2　浮选分离操作 ……………………………………… 90

实训 4-3　洗涤槽操作 ………………………………………… 94

实训 4-4　物料干燥操作 ……………………………………… 98

模块五　钾肥生产作业与工艺计算

实训 5-1　钾肥生产作业操作 ………………………………… 103

实训 5-2　钾肥生产过程的工艺计算 ………………………… 110

参考文献

模块一　预备知识

【模块内容概述】

　　本模块主要介绍盐化工和钾肥生产基础知识，学生在学习盐化工的概念及钾肥生产基础知识的基础上，对盐化工的基本原料、浮选原理及钾肥生产的工艺流程进一步认知和学习，为下一个模块的学习打好理论和实训基础。

【知识与技能目标】

　　1.了解盐化工的概念及基础知识。

　　2.了解盐化工在国民经济中的重要作用及了解青海省盐湖资源概况。

　　3.了解钾肥生产基本原理。

　　4.掌握浮选原理。

　　5.了解钾肥生产工艺流程。

　　6.认识钾肥生产主要设备。

　　7.学会钾肥生产主要设备操作方法。

　　8.掌握钾肥生产设备的原理。

　　9.了解自动控制原理。

　　10.认识钾肥 DCS 控制系统组成。

　　11.学会钾肥控制操作方法。

【素养目标】

　　1.提高职业素养。

　　2.提高环保节能意识。

　　3.培养爱国爱家的精神。

一、盐化工的概念及钾肥生产基础知识

　　盐化工是无机盐工业的一部分，盐化工的生产涉及多种无机盐产品。所谓盐化工，就是以含盐物质（包括海水、湖盐水、矿井盐和地下卤水等）为原料，经化学或者物理（或者化学与物理兼而有之）的加工过程而获得化工产品的工业。盐和盐化工的一系列产品，不仅是生产盐酸、纯碱和烧碱的基本原

1

料，而且在冶金、染料、涂料、玻璃、造纸、照相、军工等行业中都有着极其重要的作用。没有发达的制盐工业，就不可能有发达的化学工业，也就不可能有国民经济的全面发展。

世界上的化学物质可分为两大类——无机物和有机物。无机物包括无机酸、无机碱、无机盐、单质及元素化合物等几大类。我们比较熟悉的硫酸、盐酸、硝酸即是无机酸，烧碱、熟石灰都是无机碱。无机盐就是无机酸与无机碱发生中和反应生成的产物，也可认为是由无机酸根与金属离子组成的化合物。无机盐在生产和生活中的应用十分广泛，如食盐（NaCl）、食用碱（Na_2CO_3）、中药芒硝（$Na_2SO_4 \cdot 10H_2O$）、火药火硝（KNO_3），还有用于皮肤消毒的碘酒（碘和碘化钾的稀乙醇溶液），用于公共场所消毒的高锰酸钾水溶液，等等。

与无机盐工业相比，盐化工所指的范围要狭窄些，盐化工是无机盐工业的一个重要分支。盐化工的范畴包括盐矿资源的开采、卤水净化、盐及含有其他化学元素的化工产品的制取。

卤水一般是指由咸水（海水、盐湖水等）制盐时所残留的母液，人们习惯上将所有含盐水（包括海水、盐湖水、地下卤水、油井和气井盐水等）统称为卤水，并特将制盐后的母液称为苦卤。由于通常是将矿盐溶解为人工卤水后作为生产原料用，所以把矿盐算作地下卤水这一类。在海盐区，利用海水制盐后的母液（苦卤）制取钾肥、溴素、氯化镁等化合物，利用制盐前的中度卤水提取十水硫酸钠、溴素等化工产品；在井矿盐区，从地下卤水中提取氯化钠、硫酸钠、碘、锂等产品。以上这些加工过程均属于盐化工范畴。盐化工的一系列产品不仅是生产盐酸、纯碱和烧碱的基本原料，而且在冶金、燃料、化肥、军工等行业中都有着极其重要的作用，图 1-1 为钾肥生产实训设备装置。

二、盐化工的基本原料与浮选原理

1. 光卤石原料

石盐与光卤石是制造钾肥的主要原料，从世界范围看，钾肥资源主要集中在加拿大、俄罗斯、白俄罗斯，约占世界钾肥资源的 66%。

我国已经发现的储量较大的钾肥资源有青海察尔汗盐湖及新疆的罗布泊盐湖。察尔汗盐湖位于柴达木盆地的中南部，它是世界上最大的干盐湖，也是我国首屈一指的现代钾、镁、盐矿床，察尔汗盐湖的面积约为 $5856km^2$，湖内汇集了数百亿吨以氯化物为主的盐类，其中钾盐储量约为 $3.9×10^8t$。石盐沉积的累计厚度一般在 30m 左右，最厚的有 60m 有余。晶间卤水含有大量的石盐、钾盐、镁盐和其他盐类。我国新疆罗布泊地区钾资源储量有 $2.5×10^8t$，

图 1-1 钾肥生产实训设备装置

浅层卤水氧化钾储量就有 $1.38 \times 10^8 \sim 1.73 \times 10^8$ t。海洋是资源的宝库，海水中钾的含量是十分丰富的，它仅次于 Cl、Na、Mg、S、Ca 而排在第六位，其含量为 0.38g/kg，可谓取之不尽。

再有，在我国云南思茅地区已经发现钾石盐矿。较优的钾石盐矿含 KCl、NaCl 的质量分数约为 25%、71%，其余为少量的 $CaSO_4$、$MgCl_2$ 和不溶性黏土。我国思茅钾石盐矿品位低，含 K_2O 的质量分数平均为 6%。

光卤石分子式：$KCl \cdot MgCl_2 \cdot 6H_2O$；纯光卤石是一种在 $-21 \sim 167.5℃$ 稳定的复盐，一般呈颗粒状和致密结晶，斜方晶系，无色透明，味苦辣，有脂肪光泽，相对密度为 1.63，硬度 3，在空气中易吸湿潮解，易溶于水。低钠光卤石是工艺生产过程中的中间产品，主要成分为 $KCl \cdot 6H_2O$，其次为少量的 NaCl；水采光卤石由纯光卤石和一定量的细粒盐（$d \leqslant 4mm$）组成，二者组成指标见表 1-1、表 1-2。

表 1-1 光卤石组成

组分	KCl	NaCl	$MgCl_2$	$CaSO_4$
含量/%	>18.5	<17	<32	<1.5

表 1-2 低钠光卤石组成

组分	KCl	NaCl	MgCl$_2$	CaSO$_4$
含量/%	>18.5	<17	<32	<1.5

2. 浮选原理

（1）认识浮选的概念

浮选是利用矿物表面物理化学性质的差异，特别是表面润湿性（常用添加特定浮选药剂的方法来扩大物料间润湿性的差别），借助气泡，在固-液-气三相界面有选择性地富集一种或几种目的物料，从而实现与废弃物分离的一种选别技术。

浮选已成为资源加工分选工艺中最重要的技术，现在全世界每年用浮选方法处理的矿石有几十亿吨，几乎所有的矿物都可以采用浮选法从矿石中分离出来，同时可加工处理二次资源及非矿物资源，其中75%的钾盐产品都通过浮选法生产，对铜矿石、铜钼矿石、磷矿和铁矿等处理量也很大。随着浮选的不断发展，目前，浮选已不局限于冶金矿山，在化工、造纸、食品、农业医药、工业废物及废水处理等方面也有广阔的应用前景。

（2）认识浮选的过程

浮选的发展经历了全油浮选（用大量的油类进行浮选）、表层浮选（在矿浆表面上进行漂浮）和泡沫浮选三个阶段，现在所说的浮选大都指泡沫浮选。如图 1-2 所示，一定浓度的矿浆（矿物颗粒的悬浮溶液称为矿浆）经适当的浮选药剂调浆后，送入浮选机的浮选槽，矿物颗粒在浮选槽内经搅拌与充气产生大量的弥散气泡碰撞或接触。一部分矿物疏水、亲气，可以附着在气泡上，并随气泡上浮至液面，形成泡沫，通常称为精矿；另一部分亲水、疏气的矿物则不与气泡黏附，留在矿浆中，通常称为尾矿，从而达到精矿与尾矿分离的目的。这种有用矿物进入泡沫、脉石矿物留在矿浆中的称为正浮选，反之称为反浮选。各种矿物能否分离，取决于矿物与气泡能否实现选择性附着及附着后能否稳定升浮至矿浆表面。

就泡沫浮选过程而言，一般包括以下单元过程，如图 1-3 所示。

① 将矿石破碎到适宜程度，使矿石中有用的矿物与脉石矿物单体解离。

② 调整矿浆浓度以适合浮选要求，充分搅拌使矿浆处于湍流状态，以保证矿粒悬浮并运动。

③ 加入所需的浮选药剂，目的是调节与控制固液界面的物理化学性质，使矿物颗粒表面选择性疏水化。添加药剂的种类与数量，根据矿石性质确定。

④ 矿浆中气泡的发生与弥散，并与矿粒接触。

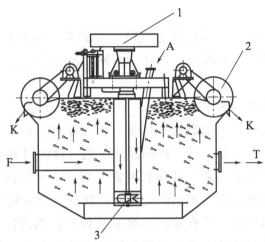

1—电机；2—刮板机；3—搅拌桨；A—空气；F—进料；K—精矿泡沫；T—尾矿

图 1-2　浮选机内矿物浮选过程

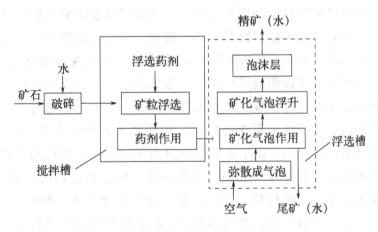

图 1-3　泡沫浮选过程图

⑤ 疏水矿粒在气泡上黏附，形成矿化气泡。

⑥ 矿化气泡升浮，形成精矿泡沫及排出尾矿。

在浮选过程中，气泡矿化是大量气泡和矿粒共同作用的结果，而气泡和矿粒之间黏附过程存在三种形式：

① 在浮选充气搅拌过程中，微细矿粒群附着在气泡底部，形成"矿化尾壳"。

② 多个小气泡共同携带一个粗矿粒，形成矿粒-微泡联合体。

③ 若干个微细矿粒和多个小气泡共同黏着形成絮团。在这种形式中，气

泡和矿粒之间附着的接触面积大，而且它们之间没有残余水化层的气体和固体直接接触。

气泡矿化的形成与设备参数及充气搅拌方式有密切关系，在浮选过程中，这三种矿化形式并存，只是各自所占比例不同，而大多数浮选过程以第一种形式为主。

（3）影响浮选效果的因素

浮选过程包括入选矿石的破碎、磨矿、配置矿浆（配药及调浆）、充气及搅拌，分选后进行选矿产品脱水。影响浮选工艺过程的因素很多，这些因素分为可调节因素和不可调节因素。可调节因素主要有磨矿细度、浮选矿浆浓度、矿浆酸碱度、浮选药剂制度、矿浆的充气和搅拌及浮选时间等。不可调节的因素主要有矿石结构和构造、矿石的矿物组成及各种矿物的嵌布粒度等。此外，浮选工艺流程虽然对浮选效果至关重要，但对于已建成投产的选厂就不会轻易改动。生产用水水质和浮选矿浆温度对分选工艺也有一定影响。矿石的矿物组成和性质对浮选结果的影响是最基本的。即使在同一矿床中，不同地段矿石的矿物组成和性质也不尽相同，因此应将不同地段产出的矿石按一定比例配合并充分混匀，以保持矿物组成和性质的稳定，必要时甚至需要分别浮选。在浮选前，矿石通过破碎和磨矿使矿物基本单体解离，并使其粒度符合浮选要求。矿石经破碎和磨矿后，加水配制成矿浆。矿浆浓度与矿石性质和浮选条件有关。浮选前向矿浆中添加浮选药剂进行调浆，添加位置与其用途及溶解度有关。常在磨矿时把 pH 值调整剂和抑制剂加入磨球机中；把活化剂加入搅拌槽中；把捕收剂和起泡剂加到搅拌槽和浮选机内。加药顺序通常依次为 pH 值调整剂、抑制剂、捕收剂及起泡剂；由于矿物表面具有不均匀性和浮选药剂具有协同效应，混合用药往往能取得较好效果。实践表明，要达到较好的技术经济指标，就必须根据所处理矿石的性质，通过试验，确定合理的磨矿细度、矿浆浓度、矿浆酸碱度、浮选药剂制度、充气和搅拌、精矿质量及浮选时间等工艺因素。

① 磨矿细度　适宜的磨矿细度是根据矿石中有用矿物的嵌布粒度，通过选矿试验确定的。生产实践表明，过粗和过细的矿粒，即使达到单体解离，其回收效果也不好。粗粒单体矿粒粒度必须小于矿物浮选的粒度上限，而且还要尽可能避免泥化，浮选矿粒粒度小于 0.01mm 时，浮选指标显著恶化。对于钾盐矿物，只要破碎至单体分离，就能完成浮选，因为在浮选液中钾盐晶体还存在着溶解与结晶的过程，一般浮选后得到的钾盐矿粒为 0.07～0.1mm。

② 矿浆浓度　矿浆浓度又称为矿浆悬浮质量分数，是指矿浆中固体颗粒的含量。常用液固比或固体含量百分数表示。矿浆浓度是浮选过程重要影响因素之一。矿浆浓度低，回收率较低，但精矿质量较高。随着矿浆浓度的提高，回收率也提高。当浓度达到适宜程度时，再提高浓度，回收率反而降低。

在稀矿浆中进行浮选，药剂用量、水电消耗及处理每吨矿石所需的浮选槽容积都要增加，这对矿石的选矿成本是有影响的。此外，浮选矿浆浓度对浮选机的充气量、浮选药剂的消耗、处理能力及浮选时间都有直接的影响。

最适宜的矿浆浓度要根据矿石性质和浮选条件（如浮选机的处理能力等）确定。钾盐浮选矿浆浓度一般为15％～25％。粗选和扫选作业采用较高的浓度，有利于提高回收率和节约药剂；精矿作业采用较稀的矿浆，有利于提高精矿的质量。

③ 矿浆的酸碱度　矿浆的酸碱度一方面影响矿物表面的浮选性质，如矿物表面电极性及"有害"离子含量等，另一方面影响药剂的作用，如药剂的解离度、捕收剂和起泡剂与矿物表面的作用等。各种矿物在采用不同的浮选药剂进行浮选时，都有一个"浮"与"不浮"的pH值，称为临界pH值，对矿浆pH值进行合理调节，就能控制矿物的有效分选。pH值为6～8时，浮选效果最佳。

④ 药剂制度　药剂制度包括浮选过程中加入药剂的种类和数量，加药地点和方式，也称药方，它对浮选指标有重大影响。药剂的种类和数量是通过试验确定的。在生产实践中，还要对加药数量、地点及方式不断地修正和改进。

在一定的范围内，增加捕收剂与气泡剂的用量，可以提高浮选速度和改善浮选指标。但是，用量过大会造成浮选过程恶化。同样，抑制剂与活化剂也应适量添加，过量或不足都会引起浮选指标降低。加药地点的确定，取决于药剂的作用、用途和溶解度。通常把抑制剂加在磨矿机中，捕收剂及起泡剂加在搅拌槽或浮选机中。能互相反应的药剂，必须要分开投加。

⑤ 充气和搅拌　充气就是把一定量的空气送入矿浆中，并使它弥散成大量微小的气泡，以便使疏水性矿粒附着在气泡表面上。经验表明，强化充气作用，可以提高浮选速度，但充气量过分，会把大量的矿机机械杂质夹带至泡沫产品中，给选别造成困难，最终难以保证。

⑥ 精矿质量　矿浆搅拌的目的在于促使矿粒均匀地悬浮于槽内矿浆中，并使空气很好地弥散，造成大量"活性气泡"。在机械搅拌式浮选机中，充气与搅拌是同时产生的。加强充气和搅拌作用对浮选是有利的，但充气和搅拌过分，有气泡兼并、精矿质量下降、电能消耗增加及机械磨损等缺点。应根据浮选机类型与结构特点，通过试验确定适宜的充气与搅拌条件。

⑦ 浮选时间　浮选时间的长短直接影响指标的好坏。浮选时间过长，精矿内有用成分回收率增加，但精矿品位下降；浮选时间过短，对提高产品品位有利，但会使尾矿品位增高。各种矿物最适宜的浮选时间要通过试验确定。一般当有用矿物可浮性好、含量低、给矿粒度适宜、矿浆浓度低、药剂作用快及充气搅拌较强时，需要的浮选时间就短。

（4）浮选基本原理

用浮选方法分离固体是以气、固、液的三相接触为基础的，因此，矿物表面的物理和化学特性及液相组成对浮选有很大影响。除少数情况外，无机固体均被水相完全润湿，所以浮选的第一步就是设法以固-气界面部分地取代固-液界面，这要通过向液相中添加适当的浮选药剂来实现。矿物可浮性好坏的最直接标志就是它被水润湿的程度。矿物在水中受水和溶质的作用，其表面会发生吸附或电离，在矿-液界面生成双电层。矿物表面的电性则直接影响浮选药剂在矿物-水界面的吸附。浮选时，空气常呈气泡（气相）分散于水溶液（液相）中，矿粒（固相）常呈大小不同的颗粒悬浮于水中，气泡、水溶液和矿粒三者之间有着明显的边界，这种相间的分界面称为相界面。把气泡和水的分界面称为气-液界面，把气泡和矿粒的交界面称为气-固界面，矿粒和水的交界面称为固-液界面。通常把浮选过程中的空气矿浆称为三相体系。在浮选相界面上发生着各种现象，其中对浮选过程影响较大的基本现象有润湿现象、吸附现象、界面电现象及化学反应。

三、冷分解-正浮选-洗涤法生产钾肥的工艺流程

图1-4所示为冷分解-正浮选-洗涤法生产钾肥的工艺流程，该工艺是以察尔汗盐湖的光卤石为原料采用冷分解-正浮选-洗涤法生产钾肥。

初次开车时，原料光卤石在原料槽中进行粉碎后用螺旋上料机输送到分解槽，在分解槽中加水溶解，水与原料按照工艺参数调节配比。溶解后的原料在调和槽中按照一定配比加入浮选药剂搅拌均匀输送到浮选槽中。浮选槽分为粗选槽、$1^\#$精选槽、$2^\#$精选槽、扫选。调和槽中配制好的溶液首先在粗选槽中进行一次浮选，浮选泡沫输送到$1^\#$精选槽进行第一次精选，浮选尾矿（亦称为粗钾母液）输送到扫选槽，经扫选槽进一步回收钾肥后得到的废液输送到废液槽V108中，$1^\#$精选槽与$2^\#$精选槽依次浮选后得到的精钾泡沫用真空过滤机过滤，尾矿输送到废液槽V108。V108中的废液通过泵P05打入高母液槽V109中。V109中的高镁母液可通过控制阀门XV05、XV08、XV10分别向粗选槽、$1^\#$精选槽、$2^\#$精选槽中补充溶液，目的是防止浮选槽液位过低影响浮选效果。

过滤机F01过滤后得到的湿粗钾通过上料机L03输送到洗涤槽中对粗钾进行洗涤，通过控制洗水用量除去粗钾中的钾肥以得到纯度更高的钾肥。过滤得到的母液输送到高镁母液槽。洗涤后得到的钾肥输送到离心机CS01中进行固液分离，离心得到的母液输送到精钾母液槽V110，在持续生产中可循环使用，通过泵P02A与P02B打入分解槽中去溶解原料。离心后得到的湿精钾在转筒式干燥机Z101中进行干燥，根据工艺指标控制含水量，得到钾肥产品。干燥过程中得到的含尘气体通过旋风分离器、布袋除尘器净化后排出。

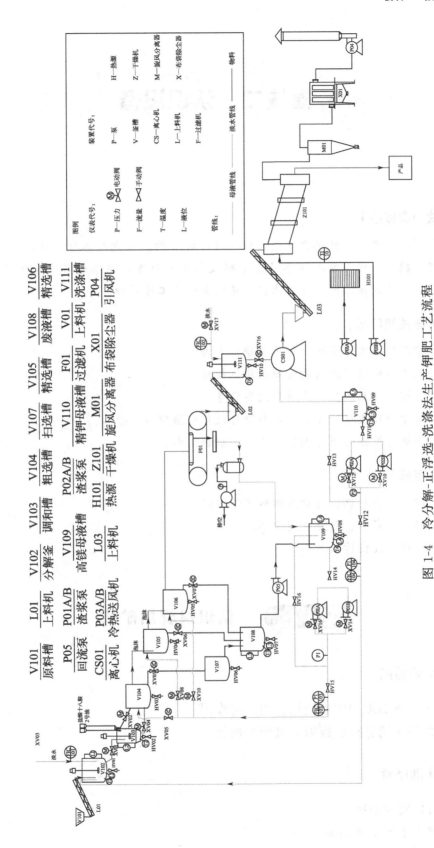

图 1-4　冷分解-正浮选-洗涤法生产钾肥工艺流程

模块二　认识设备

【模块内容概述】

本模块主要介绍钾肥生产工艺核心设备的结构、功能及工作原理，并介绍设备的安全操作规程，旨在让学习者了解设备工作原理，熟悉设备安全操作规程，掌握设备操作方法，树立安全意识、环保意识及工匠精神。

【知识与技能目标】

1.掌握设备工作原理、作用及操作方法。

2.认识本岗位存在的危险源及应急措施。

3.能够进行无机盐生产前的设备检查。

4.能按操作规程及作业指导书进行设备的操作与巡检。

5.能进行设备的操作调节、日常维护和保养。

【素养目标】

1.建立安全意识、质量意识和环保意识。

2.培养爱家乡、爱国家的情怀。

3.修炼工匠精神。

实训 2-1　　认识螺旋加矿机

一、实训目的

① 了解螺旋加矿机结构、功能与作用。

② 能正确进行螺旋加矿机安全操作。

二、实训条件

（1）实训场所

钾肥生产实训基地。

（2）实训设备

螺旋加矿机。

三、相关知识

1. 螺旋加矿机的作用和结构

螺旋加矿机（图2-1-1、图2-1-2）是常用的物料输送装置之一，适于输送各种粉状、颗粒状和小块状的物料。装置简单，加料比较均匀，可用于定量加料，广泛用于染料、颜料、农药、医药等精细化工及其他行业中，但不宜输送易变质的、黏性的、易结块的物料。

图2-1-1　螺旋加矿机外观

2. 安全作业规程

① 穿戴好劳动防护用品。熟悉所管辖库房的材料、备件、工具等的性质，会正确使用消防器材。

② 熟知本岗位的危险源、设备操作方法及应急措施，确保岗位设备安全防护设施、消防器材完好。

③ 严格遵守本岗位操作规程。

④ 严禁在设备运转过程中清扫螺杆、齿轮、皮带、链条等传动部位。

⑤ 网筛堵塞时，必须停止设备运转，悬挂警示标志，清理时必须设专人监护；清理杂物时必须切断电源，待完全停止后方可进行作业。

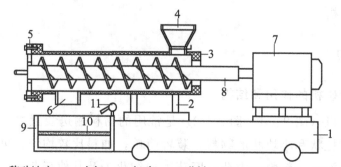

1—移动地座；2—支架；3—机壳；4—进料口；5—紧固件；6—出料口；
7—电机；8—螺杆；9—储料槽；10—皮带输送机

图 2-1-2　螺旋加矿机基本结构

3. 作业危险因素及防范

螺旋加矿机作业的危险因素、可能产生的后果以及防范措施如表 2-1-1
所示。

表 2-1-1　螺旋加矿机作业危险因素及防范

序号	危险因素	可能产生的后果	防范措施
1	电危害	电弧烧伤、电击	停电挂牌,验电,个体防护
2	噪声	耳鸣、失聪	降噪,隔离,个体防护
3	震动危害	产生职业危害	消除或减轻震动源的振动,减少接触时间,加强个体防护,定期体检
4	电磁辐射	产生职业危害	减少接触时间,加强个体防护,定期体检
5	防护缺陷	物体打击,人员伤亡	确保防护装置完好,加强个体防护
6	设备设施缺陷	机械伤害,人员伤亡	采用本质安全型设备,确保防护装置完好,加强个体防护
7	运动物危害	人员伤亡	加强管理,加强个体防护
8	作业环境不良	冻伤、滑跌等	通风、照明良好,改善作业环境,加强个体防护
9	信号缺陷	容易产生误操作,造成事故发生	加强管理,定期维护

续表

序号	危险因素	可能产生的后果	防范措施
10	标志缺陷	造成事故发生、人员伤亡	加强管理,定期检查
11	负荷超限	个体损伤	加强管理,提高自动化水平
12	健康状况异常	个体损伤、死亡	定期体检,加强管理,合理安排工作时间
13	从事禁忌作业	意外死亡	加强管理,严禁禁忌性作业
14	指挥错误	人员伤亡	加强管理,严禁违章指挥
15	操作错误	人员伤亡	加强培训及考核,增强人员安全意识
16	监护失误	人员伤亡	加强培训及考核,增强人员安全意识

四、实训操作

1. 观察螺旋加矿机的结构及功能

按照图 2-1-3 所示,正常填写螺旋加矿机各构件的名称并描述功能。

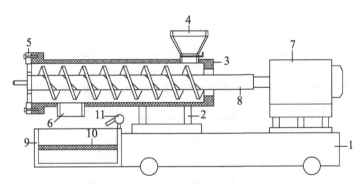

图 2-1-3 螺旋加矿机结构图

(1) 名称:＿＿＿＿＿＿＿＿＿＿＿＿＿＿＿＿＿＿＿＿＿。

功能:＿＿＿＿＿＿＿＿＿＿＿＿＿＿＿＿＿＿＿＿＿＿＿＿

＿＿＿＿＿＿＿＿＿＿＿＿＿＿＿＿＿＿＿＿＿＿＿＿＿＿＿＿＿＿＿＿

＿＿＿＿＿＿＿＿＿＿＿＿＿＿＿＿＿＿＿＿＿＿＿＿＿＿＿＿＿＿＿。

(2) 名称:＿＿＿＿＿＿＿＿＿＿＿＿＿＿＿＿＿＿＿＿＿。

功能：_____

_____

_____。

（3）名称：_____。

功能：_____

_____

_____。

（4）名称：_____。

功能：_____

_____

_____。

（5）名称：_____。

功能：_____

_____

_____。

（6）名称：_____。

功能：_____

_____

_____。

（7）名称：_____。

功能：_____

_____

_____。

（8）名称：_____。

功能：_____

_____

（9）名称：_____。

功能：_____

_____

_____。

（10）名称：_____。

功能：_____

_____

_____。

（11）名称：_____。

功能：_____

_____

_____。

2. 实训总结

代表汇报：本次螺旋加矿机认识完毕。

教师提问：通过本次实训你们有什么收获？

学生回答：

五、实训评价

根据表 2-1-2 进行自我评价，并将评分标准对应的得分填写于表中。

表 2-1-2 认识螺旋加矿机评价表

评价内容	评分标准/分	学生自评	教师评价
1.对螺旋加矿机的作用和结构的掌握情况	20		
2.对安全作业规程的掌握情况	15		
3.对作业风险评估的掌握情况	15		
评分累计			
总分			

实训 2-2　认识分解釜、调和釜、洗涤槽

一、实训目的

① 了解分解釜、调和釜、洗涤槽的结构及作用；

② 掌握分解釜、调和釜、洗涤槽的安全操作规程。

二、实训条件

（1）实训场所

钾肥生产实训基地。

（2）实训设备

分解釜、调和釜、洗涤槽。

三、相关知识

1.分解釜、调和釜、洗涤槽的作用

分解釜（图 2-2-1）用于将上矿岗位送来的光卤石原矿加水分解，使其中的氯化镁全部溶解到液相中，再将分解料浆送到下一步浮选工序中。调和釜（图 2-2-2）用于将分解料浆和浮选药剂等混合均匀。洗涤槽用于将过滤出来的滤饼中的氯化钠洗涤除。

2.设备安全作业规程

① 上岗前必须穿戴好劳动防护用品，长发应纳入帽内。

图 2-2-1 分解釜

图 2-2-2 调和釜

② 熟知本岗位危险因素及防范应急措施,确保岗位设备安全防护设施和消防器材完好。

③ 严格遵守本岗位操作规程。

④ 操作时必须走安全通道。禁止钻、爬、靠平台护栏。要与传动设备保持足够的安全距离。

⑤ 进入罐内作业,必须办理相关作业票,设专人监护,夜间保证足够的照明。

⑥ 保持作业场所清洁，防止滑跌。

⑦ 严禁向下抛掷物品。

⑧ 严格遵守本岗位设备巡检制度，发现问题及时上报处理。

3. 设备操作注意事项

① 根据上矿量和工艺加水量要求，确定合理的加水量。

② 根据工艺数据，及时调整加水量。

③ 经常检查设备有无异响。

④ 分解槽需要防止矿沉淀压死槽底叶轮，使启动困难。

⑤ 调和槽需要注意根据料浆和矿量调整加药剂量。

⑥ 洗涤过程需要根据滤饼成分组成调节洗涤加水量。

⑦ 检查轴及设备震动情况，如果轴摆动或设备震动过大，应及时停机，查明原因。

4. 设备作业危险因素及防范

分解釜、调和釜、洗涤槽作业的危险因素、可能产生的后果及防范措施如表 2-2-1 所示。

表 2-2-1　分解釜、调和釜、洗涤槽作业危险因素及防范

序号	危险因素	可能产生的后果	防范措施
1	电危害	电弧烧伤，电击	停电挂牌，验电，个体防护
2	噪声	耳鸣，失聪	降噪，隔离，个体防护
3	震动危害	产生职业危害	消除或减轻震动源的震动，减少接触时间，加强个体防护，定期体检
4	电磁辐射	产生职业危害	减少接触时间，加强个体防护，定期体检
5	防护缺陷	物体打击，人员伤亡	确保防护装置完好，加强个体防护
6	设备设施缺陷	机械伤害，人员伤亡	采用本质安全型设备，确保防护装置完好，加强个体防护
7	运动物危害	人员伤亡	加强管理，加强个体防护
8	作业环境不良	冻伤、滑跌等	通风、照明良好，改善作业环境，加强个体防护
9	信号缺陷	容易产生误操作，造成事故发生	加强管理，定期维护

续表

序号	危险因素	可能产生的后果	防范措施
10	标志缺陷	造成事故发生、人员伤亡	加强管理,定期检查
11	负荷超限	个体损伤	加强管理,提高自动化水平
12	健康状况异常	个体损伤、死亡	定期体检,加强管理,合理安排工作时间
13	从事禁忌作业	意外死亡	加强管理,严禁禁忌性作业
14	指挥错误	人员伤亡	加强管理,严禁违章指挥
15	操作错误	人员伤亡	加强培训及考核,增强人员安全意识
16	监护失误	人员伤亡	加强培训及考核,增强人员安全意识

四、实训操作

1. 观察分解釜、调和槽、洗涤槽的结构及功能

按照图 2-2-3 所示,填写分解釜、调和釜、洗涤槽各构件的名称并描述功能。

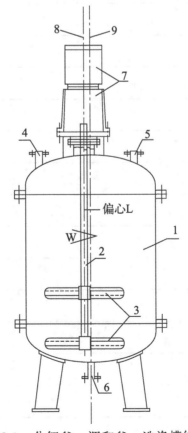

图 2-2-3 分解釜、调和釜、洗涤槽结构图

19

（1）名称：_____。

功能：_____

_____

_____。

（2）名称：_____。

功能：_____

_____

_____。

（3）名称：_____。

功能：_____

_____

_____。

（4）名称：_____。

功能：_____

_____

_____。

（5）名称：_____。

功能：_____

_____

_____。

（6）名称：_____。

功能：_____

_____

_____。

（7）名称：_____。

功能：_____

_____

_____。

（8）名称：_____。

功能：_____

_____

_____。

（9）名称：_____。

功能：_____

_____

_____。

2. 实训总结

代表汇报：本次分解釜、调和釜、洗涤槽认识总结。

教师提问：通过本次实训你们有什么收获？

学生回答：

```




```

五、实训评价

请学习者和教师根据表 2-2-2 的实训评价内容进行自我评价，并将评分标准对应的得分填写于表中。

表 2-2-2　认识分解釜、调和釜、洗涤槽评价表

评价内容	评分标准/分	学生自评	教师评价
1.对分解釜、调和槽、洗涤槽的作用和结构的掌握情况	20		
2.对安全作业规程的掌握情况	15		
3.对作业风险评估的掌握情况	15		
评分累计			
总分			

实训 2-3　认识浮选机

一、实训目的

① 了解浮选机的基本结构、工作原理及作用。
② 掌握浮选机的安全操作规程及操作方法。

二、实训条件

（1）实训场所
钾肥生产实训基地。
（2）实训设备
浮选机。

三、相关知识

1.浮选机的作用

浮选机（图 2-3-1）是由下部吸入空气，靠叶轮的旋转搅拌矿浆，同时在叶轮腔内产生负压，将空气吸入并弥散形成气泡的浮选机器。根据浮选工艺的

图 2-3-1 浮选机

特点，对浮选机有以下几项要求。

（1）充气作用

必须保证矿浆中有足够的空气进入，并产生大量气泡，还应使气泡均匀地分散在整个浮选槽内。

（2）搅拌作用

为使矿粒在矿浆中呈悬浮状态，要适当而均匀地搅拌，保持矿粒与药剂在槽内呈高度分散状态。其次，搅拌可以促使矿粒与气泡的接触与附着。

（3）循环流动作用

为增加空气和矿粒的接触机会，浮选机应能使矿浆循环流动且多次通过充气机构。

（4）矿浆水平面的调节

按工艺要求通过调节矿浆的水平面，控制矿浆在浮选机内的流动量及破膜层厚度。

（5）连续作用

必须保证能连续接收矿浆原料，选出精矿，及时排出尾矿。

2. 浮选机的结构和优缺点

浮选机由槽体、叶轮盖板和传动装置三大部件构成，如图 2-3-2 所示。

23

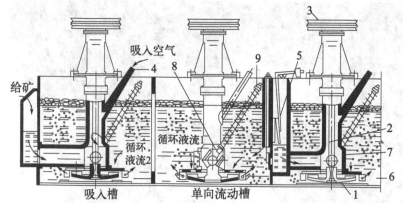

1—叶轮；2—垂直轴；3—皮带轮；4—导管；5，8—闸门；6—盖板；7—进气管；9—螺旋杆

图 2-3-2　浮选机基本结构图

浮选机叶轮安装在主轴下端，主轴的上端装有皮带轮，叶轮由电动机带动旋转。盖板位于叶轮上方，连接在竖管上。竖管周围分别装有给矿管、充气管及循环孔，循环孔常用来安装进浆管线或中矿返回管。

（1）槽体

槽体由金属材料制造，一般使用的是两槽合为一个机组，每个机组的第一槽是吸入矿浆用的，第二槽与第一槽之间的隔板下都是直接连通的，它的上面安有直立导向翅板，槽后部还装有斜板，用以加速泡沫向刮板方向移动。

（2）盖板的构造与作用

通常叶轮、盖板是铸铁制成的。叶轮是一个圆盘，上面有 6～8 个辐射状叶片，并且与半径方向成 55°～60°，顶端与盖板内缘之间的间隙有一定要求，一般为 5～8mm。

叶轮的主要作用是：①和盖板组成泵；②依靠强烈的搅拌作用，将吸入口的空气分散成气泡群，并与矿浆混合；③造成矿粒的悬浮，使其充分与气泡接触。

盖板的作用是：①和叶轮组成泵，对矿浆和空气产生抽吸作用；②盖板周围的导向叶片对排出的矿浆起导向作用，这样可以减少矿浆在叶轮周围产生涡旋，提高吸气能力；③盖板上分布大小、数量适当的矿浆循环孔，可以增加内部矿浆的循环和充气量；④盖板在叶轮上方，它可以防止停车时矿粒直接埋住叶轮，不致造成开车困难。

（3）优缺点

优点：充气搅拌强，生产能力大，效率高（达到同一回收率所需要的时间短），药剂消耗少，处理较粗颗粒和相对密度较大矿料效果好。

缺点：对叶轮盖板间的间隙要求严格，如果磨损后的间隙大，就会使充气量下降，电能消耗增加，最后导致浮选效果变差。

3. 安全作业规程

① 上岗前必须穿戴好劳动防护用品。

② 熟知本岗位危险、有害因素，熟悉防范及应急措施，确保岗位设备安全防护设施完备，消防器材完好。

③ 严格遵守本岗位操作规程。

④ 严格遵守本岗位设备巡检制度，发现问题及时上报处理。

⑤ 药剂箱附近动火必须遵守动火作业管理规定。

⑥ 接触药剂后必须洗手。

⑦ 严禁用水喷淋或湿手操作电气设备、设施。

⑧ 操作时必须走安全通道。

4. 设备作业危险因素及防范

浮选机作业的危险因素及防范措施如表 2-3-1 所示。

表 2-3-1　浮选机作业危险因素及防范

序号	危险因素	可能产生的后果	防范措施
1	噪声	耳鸣、失聪	降噪、隔离、个体防护
2	震动危害	职业危害	消除或减轻震动源的震动、减少接触时间、加强个体防护、定期体检
3	电磁辐射	职业危害	减少接触时间、加强个体防护、定期体检
4	防护缺陷	机械伤害、人员伤亡	确保防护装置完好、加强个体防护
5	设备设施缺陷	机械伤害、人员伤亡	采用本质安全型设备、确保防护装置完好、加强个体防护
6	运动物危害	人员伤亡	加强管理、加强个体防护
7	作业环境不良	中毒、窒息、淹溺、滑跌等	通风、照明良好、改善作业环境,加强个体防护
8	信号缺陷	容易产生误操作，造成事故发生	加强管理、定期维护
9	标志缺陷	造成事故发生、人员伤亡	加强管理、定期检查

续表

序号	危险因素	可能产生的后果	防范措施
10	易燃易爆性物质	火灾、爆炸、人员伤亡	工艺连锁可靠,提高自动化水平,加强个体防护,定期检测
11	有毒物质	中毒、窒息、人员伤亡	工艺连锁可靠,提高自动化水平,加强个体防护,定期检测
12	腐蚀性物质	灼伤、烧伤、人员伤亡	提高自动化水平,加强个体防护
13	负荷超限	个体损伤	加强管理,提高自动化水平
14	健康状况异常	个体损伤、死亡	定期体检,加强管理,合理安排工作时间
15	从事禁忌作业	意外死亡	加强管理,严禁禁忌性作业
16	指挥错误	人员伤亡	加强管理,严禁违章指挥
17	操作错误	人员伤亡	加强培训及考核,增强人员安全意识
18	监护失误	人员伤亡	加强培训及考核,增强人员安全意识

四、实训操作

1. 观察浮选机的结构及功能

按照图 2-3-3 所示,正常填写浮选机各构件的名称并描述功能。

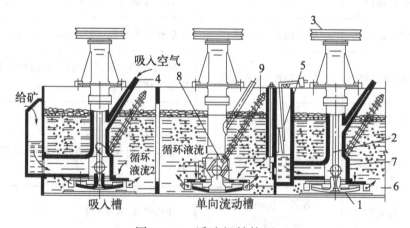

图 2-3-3　浮选机结构图

（1）名称：_____。

功能：_____

_____

_____。

（2）名称：_____。

功能：_____

_____

_____。

（3）名称：_____。

功能：_____

_____

_____。

（4）名称：_____。

功能：_____

_____

_____。

（5）名称：_____。

功能：_____

_____

_____。

（6）名称：_____。

功能：_____

_____

_____。

（7）名称：_____。

功能：_____

_____

_____ 。

（8）名称：_____ 。

功能：_____

_____

_____ 。

（9）名称：_____ 。

功能：_____

_____

_____ 。

2. 实训总结

代表汇报：本次浮选机认识完毕。

教师提问：通过本次实训你们有什么收获？

学生回答：

五、实训评价

请学习者和教师根据表 2-3-2 的实训评价内容进行自我评价，并将评分标准对应的得分填写于表中。

表 2-3-2 认识浮选机评价表

评价内容	评分标准/分	学生自评	教师评价
1. 对浮选机的作用和结构的掌握情况	20		
2. 对安全作业规程的掌握情况	15		
3. 对作业风险评估的掌握情况	15		
评分累计			
总分			

实训 2-4　认识过滤机

一、实训目的

① 了解真空转筒过滤机的基本结构、工作原理及作用。

② 掌握真空转筒过滤机的安全作业，并能进行设备作业风险评估。

二、实训条件

① 实训场所：钾肥生产实训基地。

② 实训设备：真空转筒过滤机。

三、相关知识

1. 转筒过滤机的结构

真空转筒过滤机是盐化工生产中应用最广的一种连续操作的真空过滤机（图 2-4-1）。它的主要部件为转筒，其长度与直径之比为 1/2～2，滤布蒙在筒外壁上，浸没于滤浆中的过滤面积占全部面积的 30%～40%，转速为 0.1～2r/min，每旋转一周，过滤表面的任一部分都顺序经历过滤（浸入滤浆中时）、洗涤、吸干、吹松、刮渣等阶段。因此转筒每旋转一周，对于任何一部分表面来说，都经历了一个循环过程。而在任何瞬间，对于整个转筒来说，各部分表面分别进行不同阶段的操作。

筒的侧壁上覆盖有金属网，滤布支撑在网上。筒壁沿周边平均分为几段，

图 2-4-1　真空转筒过滤机

各段均有管子通至轴心处，与筒壁引来的各段管子相接。通过分配头，圆筒旋转时其表面的每一段可以依次与过滤装置中的滤液罐、洗水罐（以上两者处于真空状态之下）、鼓风机稳定罐（正压下）相通。

　　真空转筒过滤机的分配头是由一个与转筒连接在一起的转动盘和一个与之紧密贴合的固定盘组成。转动盘上的每一个孔与转筒表面的一段相通。固定盘上有三个凹槽分别与通至滤液罐、洗水罐的两个真空管及通至鼓风机的稳定罐的吹气管路相连通。转盘上的某几个孔与固定盘上的凹槽相遇，转鼓表面与这些孔相连的几段便与滤液罐相连通，滤液可以从这几段吸入。同时，滤饼即沉积其上，转动盘转动，使这几个小孔与另外一个凹槽相连通，则相应的几段表面便与洗水罐接通，吸入洗水。同样，与第三个凹槽相遇时则接通鼓风机，有空气吹向转筒的这部分表面，将沉积于其上的滤饼吹松动。随着转筒的转动，这些滤饼又与刮刀相遇，被刮刀刮下。这部分表面在下面转动时重新浸入滤浆当中，将开始下一阶段的操作循环（图 2-4-2）。

2. 安全作业规程

　　① 上岗前必须穿戴好劳动防护用品。

　　② 熟知本岗位危险有害因素及防范应急措施，确保岗位设备安全防护设施、消防器材完好。

　　③ 严格遵守本岗位设备巡检制度，发现问题及时上报处理。

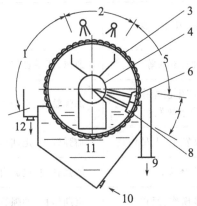

1—一次脱水区；2—洗涤区；3—转鼓；4—中空轴；5—二次脱水区；6—反吹瓦；
7—下料和反洗区；8—反洗瓦；9—下料口；10—进料口；11—滤饼生成区；12—溢流口

图 2-4-2　过滤机结构图

④ 严禁维修、保养运行中的设备。
⑤ 作业人员保持与传动设备的安全距离。
⑥ 定期检查紧急停车装置，确保完好有效。
⑦ 发生事故时，采取应急措施并及时上报。

3. 设备作业危险因素及防范

过滤机作业的危险因素及防范措施如表 2-4-1 所示。

表 2-4-1　过滤机作业危险因素及防范

序号	危险因素	可能产生的后果	防范措施
1	电危害	电弧烧伤、电击	停电挂牌、验电、个体防护
2	噪声	耳鸣、失聪	降噪、隔离、个体防护
3	震动危害	产生职业危害	消除或减轻震动源的震动、减少接触时间、加强个体防护、定期体检
4	电磁辐射	产生职业危害	减少接触时间、加强个体防护、定期体检
5	防护缺陷	物体打击、人员伤亡	确保防护装置完好、加强个体防护
6	设备设施缺陷	机械伤害、人员伤亡	采用本质安全型设备、确保防护装置完好、加强个体防护
7	运动物危害	人员伤亡	加强管理、加强个体防护

续表

序号	危险因素	可能产生的后果	防范措施
8	作业环境不良	冻伤、滑跌等	通风、照明良好、改善作业环境,加强个体防护
9	信号缺陷	容易产生误操作,造成事故发生	加强管理、定期维护
10	标志缺陷	造成事故发生、人员伤亡	加强管理、定期检查
11	负荷超限	个体损伤	加强管理、提高自动化水平
12	健康状况异常	个体损伤、死亡	定期体检、加强管理、合理安排工作时间
13	从事禁忌作业	意外死亡	加强管理、严禁禁忌性作业
14	指挥错误	人员伤亡	加强管理、严禁违章指挥
15	操作错误	人员伤亡	加强培训及考核、增强人员安全意识
16	监护失误	人员伤亡	加强培训及考核、增强人员安全意识

四、实训操作

1. 观察过滤机的结构及功能

按照图 2-4-3 所示,填写过滤机各构件的名称并描述功能。

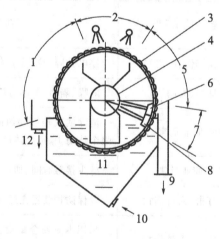

图 2-4-3 过滤机结构图

(1) 名称:_____。

功能:_____

_____

_____。

（2）名称：_____。

功能：_____

_____

_____。

（3）名称：_____。

功能：_____

_____

_____。

（4）名称：_____。

功能：_____

_____

_____。

（5）名称：_____。

功能：_____

_____

_____。

（6）名称：_____。

功能：_____

_____

_____。

（7）名称：_____。

功能：_____

_____

_____。

（8）名称：＿＿＿＿＿＿＿＿＿＿＿＿＿＿＿＿＿＿＿＿＿＿。

功能：＿＿＿＿＿＿＿＿＿＿＿＿＿＿＿＿＿＿＿＿

＿＿＿＿＿＿＿＿＿＿＿＿＿＿＿＿＿＿＿＿＿＿＿＿＿

＿＿＿＿＿＿＿＿＿＿＿＿＿＿＿＿＿＿＿＿＿＿＿＿＿

＿＿＿＿＿＿＿＿＿＿＿＿＿＿＿＿＿＿＿＿＿＿＿＿＿。

（9）名称：＿＿＿＿＿＿＿＿＿＿＿＿＿＿＿＿＿＿＿。

功能：＿＿＿＿＿＿＿＿＿＿＿＿＿＿＿＿＿＿＿＿＿

＿＿＿＿＿＿＿＿＿＿＿＿＿＿＿＿＿＿＿＿＿＿＿＿＿

＿＿＿＿＿＿＿＿＿＿＿＿＿＿＿＿＿＿＿＿＿＿＿＿＿

＿＿＿＿＿＿＿＿＿＿＿＿＿＿＿＿＿＿＿＿＿＿＿＿＿。

（10）名称：＿＿＿＿＿＿＿＿＿＿＿＿＿＿＿＿＿＿。

功能：＿＿＿＿＿＿＿＿＿＿＿＿＿＿＿＿＿＿＿＿＿

＿＿＿＿＿＿＿＿＿＿＿＿＿＿＿＿＿＿＿＿＿＿＿＿＿

＿＿＿＿＿＿＿＿＿＿＿＿＿＿＿＿＿＿＿＿＿＿＿＿＿

＿＿＿＿＿＿＿＿＿＿＿＿＿＿＿＿＿＿＿＿＿＿＿＿＿。

（11）名称：＿＿＿＿＿＿＿＿＿＿＿＿＿＿＿＿＿＿。

功能：＿＿＿＿＿＿＿＿＿＿＿＿＿＿＿＿＿＿＿＿＿

＿＿＿＿＿＿＿＿＿＿＿＿＿＿＿＿＿＿＿＿＿＿＿＿＿

＿＿＿＿＿＿＿＿＿＿＿＿＿＿＿＿＿＿＿＿＿＿＿＿＿

＿＿＿＿＿＿＿＿＿＿＿＿＿＿＿＿＿＿＿＿＿＿＿＿＿。

（12）名称：＿＿＿＿＿＿＿＿＿＿＿＿＿＿＿＿＿＿。

功能：＿＿＿＿＿＿＿＿＿＿＿＿＿＿＿＿＿＿＿＿＿

＿＿＿＿＿＿＿＿＿＿＿＿＿＿＿＿＿＿＿＿＿＿＿＿＿

＿＿＿＿＿＿＿＿＿＿＿＿＿＿＿＿＿＿＿＿＿＿＿＿＿

＿＿＿＿＿＿＿＿＿＿＿＿＿＿＿＿＿＿＿＿＿＿＿＿＿。

2. 实训总结

代表汇报：本次过滤机认识完毕。

教师提问：通过本次实训你们有什么收获？

学生回答：

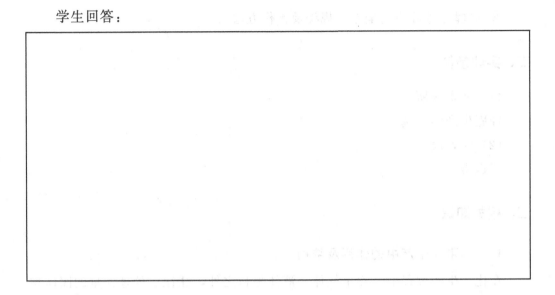

五、实训评价

请学习者和教师根据表 2-4-2 的实训评价内容进行自我评价，并将评分标准对应的得分填写于表中。

表 2-4-2　认识过滤机评价表

评价内容	评分标准/分	学生自评	教师评价
1.对过滤机的作用和结构的掌握情况	20		
2.对安全作业规程的掌握情况	15		
3.对作业风险评估的掌握情况	15		
评分累计			
总分			

实训 2-5　认识传送带

一、实训目的

① 了解传送带的结构、工作原理及作用。

② 掌握传送带的安全作业规程及操作方法。

二、实训条件

（1）实训场所

钾肥生产实训基地。

（2）实训设备

传送带。

三、相关知识

1. 传送带在生产中的作用及结构

在化工生产过程中，除了气体、液体物料之外，往往要处理大量的固体物料，这些固体物料在生产中输送量较大。采用输送机械输送固体物料，不仅能大大提高工作效率，还能保证生产过程的连续性，以适应大规模生产要求（图2-5-1）。

图 2-5-1　传送带

根据固体物料输送机械的工作特性，可以将它们分为两大类：连续式输送机和间断式输送机。连续性输送机主要应用于输送量稳定和连续性强的物料输送，属于这类输送机械的有带式输送机、板式输送机、斗式提升机、埋刮板输送机和螺旋输送机等，此外还有利用空气作为输送动力的气力输送机。间断式输送机主要用来整皮带地搬运物品，它包括各种无轨行车、有轨行车（包括悬挂输送机）、架空索道及某些专用输送设备（图 2-5-2）。

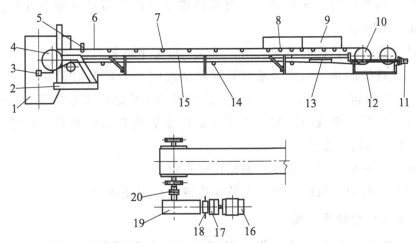

1—头部漏斗；2—机架；3—头部清扫器；4—传动滚筒；5—安全保护装置；
6—输送带；7—承载托辊；8—缓冲托辊；9—导料槽；10—改向滚筒；
11—螺旋拉紧装置；12—尾架；13—空段清扫器；14—回程托；15—中间架；
16—电动机；17—液力耦合器；18—制动器；19—减速器；20—联轴器

图 2-5-2 专用输送设备

2. 裙边挡板输送带的作用及组成

本实训中使用的是裙边挡板输送带。裙边挡板输送带可实现各种散装材料在 0°～90°任意角的连续运输，可以大倾角输送。裙边挡板输送带应用广泛，具有运输能力大、维护成本低等特点，无转运点，减少了土建投资，维护费用低，解决了普通输送带或花纹输送带所不能达到的输送角度。PVC 裙边挡板输送带可根据要求设计成一套完整输送系统，省却了间断输送和复杂输送的提升系统。裙边挡板输送带（波状挡边输送带），主要由以下三部分组成。

① 强力耐磨基带，具有更大的横向刚度和纵向柔性。

② 热硫化 PVC、PU 裙边挡板。

③ 防止物体下滑的横向隔板。裙边挡板和隔板的底部和基带热硫化成一体，挡板和隔板的高度可以达到 40～630mm，在挡板中加贴帆布以加强抗撕裂强度。

随着国内工业的发展，食品、烟草、医药、农业、电子等行业逐步开始应用轻型裙边挡板输送带，轻型裙边挡板带是由 PVC、PU 等热塑性弹性体焊接而成，加工灵活，应用轻便。

3. 设备安全作业规程

① 上岗前必须穿戴好劳保防护用品，并严格遵守本岗位操作规程。

② 熟知本岗位危险有害因素及防范应急措施，确保岗位设备安全防护设施、消防器材完好。

③ 严禁踩踏运行中的皮带，严禁从皮带上方跨越或从皮带下方通过，严禁皮带载人和物品。

④ 严禁在皮带运行时清理支架、托辊、皮带下的积料。

⑤ 发生皮带跑偏、打滑、乱跳等异常情况时，必须及时通知专业人员进行调整，严禁用脚蹬、手拉、压杆子、往皮带和转轮之间塞东西等方法处理。

⑥ 设备出现异常或故障时，要在设备停止运转并切断电源的状态下进行维修，严禁边运转边维修。

⑦ 定期检查紧急停车装置，确保完好有效。

⑧ 皮带运行或停机时，严禁人员在皮带上行走或休息。

4. 设备作业危险及防范

传送带作业的危险因素、作业时可能产生的后果及防范措施如表 2-5-1 所示。

表 2-5-1　传送带作业危险及防范

序号	危险有害因素	可能产生的后果	防范措施
1	电危害	电弧烧伤、电击	停电挂牌、验电、个体防护
2	噪声	耳鸣、失聪	降噪、隔离、个体防护
3	震动危害	产生职业危害	消除或减轻震动源的震动、减少接触时间、加强个体防护、定期体检
4	防护缺陷	物体打击、人员伤亡	确保防护装置完好、加强个体防护
5	设备设施缺陷	机械伤害、人员伤亡	采用本质安全型设备、确保防护装置完好、加强个体防护
6	运动物危害	人员伤亡	加强管理、加强个体防护
7	作业环境不良	冻伤、滑跌等	通风、照明良好、改善作业环境、加强个体防护

序号	危险有害因素	可能产生的后果	防范措施
8	信号缺陷	容易产生误操作，造成事故发生	加强管理、定期维护
9	标志缺陷	造成事故发生、人员伤亡	加强管理、定期检查
10	负荷超限	个体损伤	加强管理、提高自动化水平
11	健康状况异常	个体损伤、死亡	定期体检、加强管理、合理安排工作时间
12	从事禁忌作业	意外死亡	加强管理、严禁禁忌性作业
13	指挥错误	人员伤亡	加强管理、严禁违章指挥
14	操作错误	人员伤亡	加强培训及考核、增强人员安全意识
15	监护失误	人员伤亡	加强培训及考核、增强人员安全意识

四、实训操作

1. 观察传送带的结构及功能

按照图 2-5-3，填写各构件的名称并描述功能。

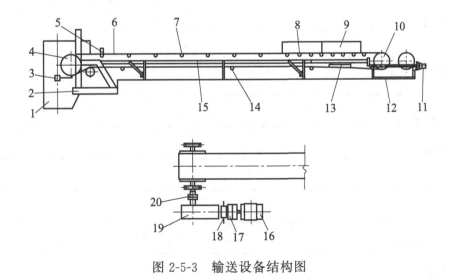

图 2-5-3 输送设备结构图

（1）名称：_____。

功能：_____

39

_____

_____。

（2）名称：_____。

功能：_____

_____

_____。

（3）名称：_____。

功能：_____

_____

_____。

（4）名称：_____。

功能：_____

_____

_____。

（5）名称：_____。

功能：_____

_____

_____。

（6）名称：_____。

功能：_____

_____

_____。

（7）名称：_____。

功能：_____

_____

_____。

（8）名称：_____。

功能：_____

_____

_____。

（9）名称：_____。

功能：_____

_____

_____。

（10）名称：_____。

功能：_____

_____

_____。

（11）名称：_____。

功能：_____

_____

_____。

（12）名称：_____。

功能：_____

_____

_____。

（13）名称：_____。

功能：_____

_____

_____。

（14）名称：_____。

功能：_____

_____

_____ 。

（15）名称： _____ 。

功能： _____

_____

_____ 。

（16）名称： _____ 。

功能： _____

_____

_____ 。

（17）名称： _____ 。

功能： _____

_____

_____ 。

（18）名称： _____ 。

功能： _____

_____

_____ 。

（19）名称： _____ 。

功能： _____

_____

_____ 。

（20）名称： _____ 。

功能： _____

_____

_____ 。

2. 实训总结

代表汇报：本次传送带认识完毕。

教师提问：通过本次实训你们有什么收获？

学生回答：

五、实训评价

请学习者和教师根据表 2-5-2 的实训评价内容进行自我评价，并将评分标准对应的得分填写于表中。

表 2-5-2　认识传送带评价表

评价内容	评分标准/分	学生自评	教师评价
1. 对传送带的作用和结构的掌握情况	20		
2. 对安全作业规程的掌握情况	15		
3. 对作业风险评估的掌握情况	15		
评分累计			
总分			

实训 2-6　认识离心机

一、实训目的

① 了解离心机的结构、工作原理及作用。
② 掌握离心机的安全作业规程及操作方法。

二、实训条件

（1）实训场所
钾肥生产实训基地。
（2）实训设备
离心机。

三、相关知识

1. 离心机的作用及结构

在盐化工生产中经常使用的离心机有卧式螺旋卸料离心机、三足式离心机、卧式刮刀式离心机、卧式退料活塞离心机等。图 2-6-1 所示为离心机图。

图 2-6-1　离心机图

离心机的工作原理是：离心机的转鼓在高速旋转时产生离心力，要分离的固液料浆进入离心机时，由于固、液的密度及黏度等不同，因此所受的离心力不同，从而固液得以分离。图 2-6-2 所示为离心机结构图。

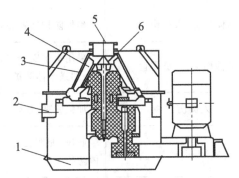

1—固体物排出口；2—排液口；3—筛网；4—刮刀；5—入料口；6—布料锥

图 2-6-2　离心机结构图

此种离心机主要用于浓度适中并能快速脱水或失去流动性的悬浮液。优点是颗粒破碎程度小，控制系统比较简单，功耗也比较小。缺点是对悬浮液的浓度较敏感，若浆料太稀，则滤饼来不及生成，料液直接流出转鼓，并可冲走先形成的滤饼。若浆料太稠，则流动性太差，使滤渣分布不均，引起转鼓的震动。

2. 安全作业规程

① 上岗前必须穿戴好劳动防护用品。

② 熟知本岗位危险有害因素及防范应急措施，确保岗位设备安全防护设施、消防器材完好。

③ 严格遵守本岗位操作规程。

④ 严格遵守本岗位巡检制度，发现问题及时上报。

⑤ 严禁用水喷淋或湿手操作电气设备、设施。

⑥ 离心机门安全装置未紧固时严禁启动；离心机未完全停止时禁止打开门盖。

⑦ 离心机部件有故障时禁止运行。

⑧ 在离心机出现强烈震动的情况立即停车。

⑨ 冲洗筛网时，严禁将水管插入观察孔内。

⑩ 严禁用湿手操作电气设备。

3. 设备作业危险及防范

离心机作业的危险因素、作业时可能产生的后果及防范措施如表 2-6-1 所示。

表 2-6-1 离心机作业危险及防范

序号	危险有害因素	可能产生的后果	防范措施
1	噪声	耳鸣、失聪	降噪、隔离、个体防护
2	防护缺陷	物体打击、人员伤亡	确保防护装置完好、加强个体防护
3	设备设施缺陷	机械伤害、人员伤亡	采用本质安全型设备、确保防护装置完好、加强个体防护
4	运动物危害	人员伤亡	加强管理、加强个体防护
5	作业环境不良	冻伤、滑跌等	通风、照明良好、改善作业环境,加强个体防护
6	信号缺陷	容易产生误操作,造成事故发生	加强管理、定期维护
7	标志缺陷	造成事故发生、人员伤亡	加强管理、定期检查
8	健康状况异常	个体损伤、死亡	定期体检、加强管理、合理安排工作时间
9	指挥错误	人员伤亡	加强管理、严禁违章指挥
10	操作错误	人员伤亡	加强培训及考核、增强人员安全意识
11	监护失误	人员伤亡	加强培训及考核、增强人员安全意识

四、实训操作

1. 观察离心机的结构及功能

按照图 2-6-3 所示,填写离心机各构件的名称并描述功能。

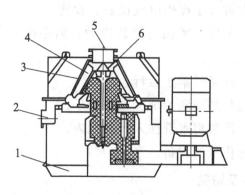

图 2-6-3 离心机结构图

（1）名称：_____。

功能：_____

_____

_____。

（2）名称：_____。

功能：_____

_____

_____。

（3）名称：_____。

功能：_____

_____

_____。

（4）名称：_____。

功能：_____

_____

_____。

（5）名称：_____。

功能：_____

_____

_____。

（6）名称：_____。

功能：_____

_____

_____。

2. 实训总结

代表汇报：本次离心机认识完毕。

教师提问：通过本次实训你们有什么收获？

学生回答：

五、实训评价

请学习者和教师根据表 2-6-2 的实训评价内容进行自我评价，并将评分标准对应的得分填写于表中。

表 2-6-2　认识离心机评价表

评价内容	评分标准/分	学生自评	教师评价
1.对离心机的作用和结构的掌握情况	20		
2.对安全作业规程的掌握情况	15		
3.对作业风险评估的掌握情况	15		
累计评分			
总分			

实训 2-7　认识干燥机

一、实训目的

① 了解干燥机的结构、工作原理及作用。

② 掌握干燥机的安全作业规程及操作方法。

二、实训条件

（1）实训场所

钾肥生产实训基地。

（2）实训设备

干燥机。

三、相关知识

1. 脱水的方法及主要设备

利用热能蒸发固体物料中的水分进行脱水作业，是一种最彻底的脱水方法，主要设备有干燥机等（图 2-7-1）。

图 2-7-1　干燥机

含水物料中的水分，按照它在固体物料中存在的形式不同，可以分为重力水分、表面水分和化合水分。

图 2-7-2 为干燥机结构图。

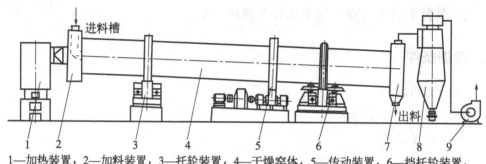

1—加热装置；2—加料装置；3—托轮装置；4—干燥窑体；5—传动装置；6—挡托轮装置；
7—出料装置；8—旋风分离器；9—引风机

图 2-7-2　干燥机结构图

（1）重力水分

重力水分是存在于物料颗粒之间的水分，与物料颗粒没有任何的联系，可在自身重力作用下自由流动，所以又叫重力自由水分，是物料中最容易脱去的水分。

（2）表面水分

表面水分是由于接触表面的分子引力作用而附着在固体颗粒表面的水分，根据分子引力大小，又可分为毛细管水分、薄膜水分和吸湿水分。

① 毛细管水分　遍布在固体细小颗粒之间的孔隙及其形成的毛细管一样的通道之中的水分，需要借助外力才能脱去。

② 薄膜水分　是被水润湿的固体，在浸入水中再取出后，它的表面就会附着一层薄薄的水膜，构成水膜的水分叫作薄膜水分，需干燥才能脱去。

③ 吸湿水分　对于有裂隙或结构疏松的固体颗粒，附着在表面的水分会因毛细管现象或润湿现象向内部渗透。这种渗透到固体颗粒内部去的水分叫作吸湿水分或吸取水分，不易脱除干净，即使采用热能干燥的方法也不易脱除干净。

（3）化合水分

化合水分是晶体（晶体化合物）中的结晶水。如 $CuSO_4 \cdot 5H_2O$（胆矾）、$Mn_2O_2 \cdot H_2O$（水锰矿）。这类水分只有采用高温灼热使物质晶体破坏以后才能释放出来。

2. 影响脱水的因素

（1）物料的性质对脱水的影响

物料的粒度和表面的润湿性对脱水有直接影响，物料粒度的粗细和均匀程度以及它的表面性质，决定了物料的含水情况及脱除难易程度。

（2）粒度大小对脱水的影响

物料单位体积的表面积越大，物料越小，物料的总表面积越大（一定数量的物料），毛细孔隙就越多，脱水就越难（因为表面水分的含量与物料的表面积成正比），而粗粒物料因为表面积小，孔隙度较大，它的脱水就比细物料容易。

（3）均匀程度对脱水的影响

不均匀粒度的物料，细粒会充满在粗粒的间隙中，不仅堵塞水分排出的通道，而且形成毛细孔隙，增大水分与物料之间的毛细管力，造成脱水难。

（4）物料表面润湿性对脱水的影响

物料表面润湿性的大小决定了表面水分结合的牢固程度。容易被水润湿的物料，因其表面水分附着得比较牢固而难以脱除，不容易润湿的物料则相反。容易被水润湿的物料可加入表面活性物质，减小物料的表面张力，从而减小润湿性。

现在盐化工所使用的干燥器主要有转筒式干燥器、气流干燥器、流化床干燥器及震动干燥器。

经过离心的精矿要求进一步降低产品含水量，就必须干燥处理，以防止精矿在远距离运输过程中受潮结块或冻结。干燥处理是利用加热蒸发的方式除去物料中水分的过程。

3. 干燥的基本原理

在常温下物料水分的自然蒸发比较缓慢，当相对湿度（相对湿度可以用某一温度下的空气中的水汽压与同温度下的饱和气压的百分比表示）达到 100％的时候，蒸发就不再进行，空气中的水蒸气的含量也不再增加，而达到饱和状态，如果这时物料中的水分仍过多，就需要加热来除去水分（干燥处理）。

干燥过程一般可以分为三个阶段。

（1）快速升温阶段

干燥开始，含水物料和载热的干燥介质温度相差悬殊，物料从载热介质大量吸收热量，温度很快升高，物料表面和周围空气的相对湿度急剧下降，物料表面的水分加速蒸发，干燥速度增大。

（2）恒温阶段

当物料升温到一定温度时，表面水分的蒸发速度达到最大值。这时，由载热介质供给的全部热能全部消耗在水分气化所需要的能量上，已无余热可用以提高物料的温度。这时是以最大的蒸发速度等速干燥的恒温阶段。

（3）快速降温阶段

在干燥过程中，物料表面水分不断蒸发汽化，处于内部的水分就不断地向表面扩散，整个物料的水分含量也就不断地降低，当干燥进行到由内部向表面扩散的水分不足以补充表面蒸发失去的水分时，载热介质所提供的热能是多余表面水分汽化所消耗的热能，物料又将吸收余热而提高温度，直到干燥、蒸发速度降低到零时，干燥过程即告结束。

4. 转筒式干燥器结构及工作过程

转筒式干燥器是由圆筒、支架、驱动齿轮、加热器（或燃烧器）及大部件构成。转筒式干燥器的主要部件为稍作倾斜而转动的长筒。广泛应用于颗粒、块状物的干燥，干燥介质最常用的是热空气。

转筒式干燥器的干燥过程：若是并流，物料从转筒较高的一端进入，空气将从另一端进入。转筒干燥器的倾角通常为 $2°\sim8°$。物料进入转筒以后，借助安装在转筒内壁上的抄板的作用多次抛撒翻动，充分与热空气接触，进行热交换，使湿物料干燥。干燥好的物料运动到底端，从出料口排出，干燥物料后的湿空气从另一端排出系统。

并流适用于含水量较高，需要快速干燥的物料。干燥过程中要控制气速，防止粉尘的飞扬。对于 1mm 左右的物料，气速应为 $0.3\sim1m/s$。

转筒干燥器的优点是机械化程度高，生产能力大，流体阻力小，操作控制方便。缺点是设备笨重，材料消耗多，热效率低，结构复杂，占地面积大，转动部件维修量大。一般来说，气体的质量流量、流速应尽量高些，这样可以提高热传质效率，强化干燥操作。但是气速过高会大量夹带物料，造成污染和浪费，并且物料在器内停留时间较短，物料干燥不充分。

5. 安全作业规程

① 上岗前必须穿戴好劳动防护用品。

② 熟知本岗位危险有害因素及防范应急措施，确保岗位设备安全防护设施、消防器材完好。

③ 严禁用水喷淋或湿手操作电气设备、设施。

④ 操作时必须走安全通道。

⑤ 干燥机运行时严禁触碰，避免烫伤、机械伤害。

四、实训操作

1. 观察干燥机的结构及功能

按照图 2-7-3 所示，填写干燥机各构件的名称并描述功能。

（1）名称：＿＿＿＿＿＿＿＿＿＿＿＿＿＿＿＿＿＿＿＿＿＿＿＿＿＿＿＿。

功能：＿＿＿＿＿＿＿＿＿＿＿＿＿＿＿＿＿＿＿＿＿＿＿＿＿＿＿＿＿＿

＿＿＿＿＿＿＿＿＿＿＿＿＿＿＿＿＿＿＿＿＿＿＿＿＿＿＿＿＿＿＿＿＿＿

＿＿＿＿＿＿＿＿＿＿＿＿＿＿＿＿＿＿＿＿＿＿＿＿＿＿＿＿＿＿＿＿＿＿。

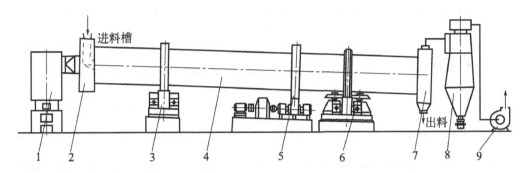

进料槽

出料

1　2　3　4　5　6　7　8　9

1—加热装置；2—加料装置；3—托轮装置；4—干燥窑体；5—传动装置；6—挡托轮装置；
7—出料装置；8—旋风分离器；9—引风机

图 2-7-3　干燥机结构图

（2）名称：＿＿＿＿＿＿＿＿＿＿＿＿＿＿＿＿＿＿＿＿＿＿＿＿＿＿＿＿＿。

功能：＿＿＿＿＿＿＿＿＿＿＿＿＿＿＿＿＿＿＿＿＿＿＿＿＿＿＿＿＿＿＿

＿＿＿＿＿＿＿＿＿＿＿＿＿＿＿＿＿＿＿＿＿＿＿＿＿＿＿＿＿＿＿＿＿＿

＿＿＿＿＿＿＿＿＿＿＿＿＿＿＿＿＿＿＿＿＿＿＿＿＿＿＿＿＿＿＿＿＿。

（3）名称：＿＿＿＿＿＿＿＿＿＿＿＿＿＿＿＿＿＿＿＿＿＿＿＿＿＿＿＿＿。

功能：＿＿＿＿＿＿＿＿＿＿＿＿＿＿＿＿＿＿＿＿＿＿＿＿＿＿＿＿＿＿＿

＿＿＿＿＿＿＿＿＿＿＿＿＿＿＿＿＿＿＿＿＿＿＿＿＿＿＿＿＿＿＿＿＿＿

＿＿＿＿＿＿＿＿＿＿＿＿＿＿＿＿＿＿＿＿＿＿＿＿＿＿＿＿＿＿＿＿＿。

（4）名称：＿＿＿＿＿＿＿＿＿＿＿＿＿＿＿＿＿＿＿＿＿＿＿＿＿＿＿＿＿。

功能：＿＿＿＿＿＿＿＿＿＿＿＿＿＿＿＿＿＿＿＿＿＿＿＿＿＿＿＿＿＿＿

＿＿＿＿＿＿＿＿＿＿＿＿＿＿＿＿＿＿＿＿＿＿＿＿＿＿＿＿＿＿＿＿＿＿

＿＿＿＿＿＿＿＿＿＿＿＿＿＿＿＿＿＿＿＿＿＿＿＿＿＿＿＿＿＿＿＿＿。

（5）名称：＿＿＿＿＿＿＿＿＿＿＿＿＿＿＿＿＿＿＿＿＿＿＿＿＿＿＿＿＿。

功能：＿＿＿＿＿＿＿＿＿＿＿＿＿＿＿＿＿＿＿＿＿＿＿＿＿＿＿＿＿＿＿

＿＿＿＿＿＿＿＿＿＿＿＿＿＿＿＿＿＿＿＿＿＿＿＿＿＿＿＿＿＿＿＿＿＿

＿＿＿＿＿＿＿＿＿＿＿＿＿＿＿＿＿＿＿＿＿＿＿＿＿＿＿＿＿＿＿＿＿。

（6）名称：＿＿＿＿＿＿＿＿＿＿＿＿＿＿＿＿＿＿＿＿＿＿＿＿＿＿＿＿＿。

功能：＿＿＿＿＿＿＿＿＿＿＿＿＿＿＿＿＿＿＿＿＿＿＿＿＿＿＿＿＿＿＿

_____

_____。

（7）名称：_____。

功能：_____

_____

_____。

（8）名称：_____。

功能：_____

_____

_____。

（9）名称：_____。

功能：_____

_____

_____。

2. 实训总结

代表汇报：本次干燥机认识完毕。

教师提问：通过本次实训你们有什么收获？

学生回答：

_____

五、实训评价

请学习者和教师根据表 2-7-1 的实训评价内容进行自我评价，并将评分标准对应的得分填写于表中。

表 2-7-1　认识干燥机评价表

评价内容	评分标准/分	学生自评	教师评价
1.对干燥机的作用和结构的掌握情况	20		
2.对安全作业规程的掌握情况	15		
3.对作业风险评估的掌握情况	15		
评分累计			
总分			

实训 2-8　　认识旋风分离器

一、实训目的

① 了解旋风分离器的结构、工作原理及作用。
② 掌握旋风分离器的安全作业规程及操作方法。

二、实训条件

（1）实训场所
钾肥生产实训基地。
（2）实训设备
旋风分离器。

三、相关知识

1.旋风分离器的工作原理

旋风分离器（图 2-8-1）是除尘装置的一类。除尘机理是使含尘气流做旋转运动，借助于离心力将尘粒从气流中分离并捕集于器壁，再借助重力作用使尘粒落入灰斗。旋风分离器的各个部件都有一定的尺寸比例，每一个比例关系的变动，都能影响旋风分离器的效率和压力损失，其中除尘器直径、进气口尺寸、排气管直径为主要影响因素。在使用时应注意，当超过某一界限时，有利因素也能转化为不利因素。另外，有的因素对于提高除尘效率有利，但却会增加压力损失，因而对各因素的调整必须兼顾。图2-8-2是旋风分离器结构图。

图 2-8-1　旋风分离器外观

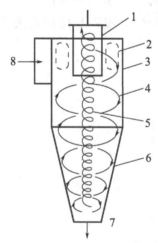

1—排出管；2—上涡旋；3—圆柱体；4—外涡旋；5—内涡旋；6—锥体；7—储灰斗；8—烟气入口

图 2-8-2　旋风分离器结构图

2. 安全作业规程

① 正确穿戴使用劳动防护用品。

② 严格遵守本岗位管理制度，熟知岗位危险有害因素防范及应急措施，确保岗位安全防护设施、设备完好。

③ 严格遵守本岗位操作规程。

④ 当班人员坚守本职工作，非工作人员严禁操作设备。

⑤ 严禁用湿手操作电气设备，发生触电或火灾事故时，应立即切断电源。

⑥ 严禁用水冲洗受热设备或电气设备。

⑦ 清理现场时，严禁接触设备运转部位。

⑧ 禁止高处抛掷物件，防止高空落物。

3. 设备作业危险及防范

旋风分离器作业的危险因素、作业时可能产生的后果及防范措施如表2-8-1所示。

表 2-8-1　旋风分离器作业危险因素及防范

序号	危险因素	可能产生的后果	防范措施
1	电危害	电弧烧伤、电击	停电挂牌、验电、个体防护
2	噪声	耳鸣、失聪	降噪、隔离、个体防护
3	震动危害	产生职业危害	消除或减轻震动源的振动、减少接触时间、加强个体防护、定期体检
4	电磁辐射	产生职业危害	减少接触时间、加强个体防护、定期体检
5	防护缺陷	物体打击、人员伤亡	确保防护装置完好、加强个体防护
6	设备设施缺陷	机械伤害、人员伤亡	确保防护装置完好、采用本质安全型设备、加强个体防护
7	运动物危害	人员伤亡	加强管理、加强个体防护
8	作业环境不良	粉尘、烫伤、冻伤、滑跌等	通风、良好照明、改善作业环境，加强个体防护
9	信号缺陷	易产生误操作，造成事故发生	加强管理、定期维护
10	标志缺陷	造成事故发生、人员伤亡	加强管理、定期检查

序号	危险因素	可能产生的后果	防范措施
11	易燃易爆物质	火灾、爆炸、人员伤亡	提高自动化水平,加强个体防护、定期检测
12	负荷超限	个体损伤	加强管理、提高自动化水平
13	健康状况异常	个体损伤、死亡	定期体检、加强管理、合理安排工作时间
14	从事禁忌作业	意外伤亡	加强管理、严禁禁忌性作业
15	指挥错误	人员伤亡	加强管理、严禁违章指挥
16	操作错误	人员伤亡	加强培训及考核、增强人员安全意识
17	监护失误	人员伤亡	加强培训及考核、增强人员安全意识

四、实训操作

旋风分离器安全操作与维护保养

1.观察旋风分离器的结构及功能

按照图 2-8-3 所示,填写旋风分离器各构件的名称并描述功能。

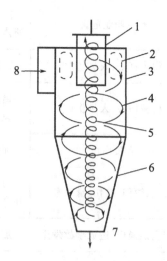

图 2-8-3　旋风分离器结构图

（1）名称：_____。

功能：_____

_____

_____。

（2）名称：_____。

功能：_____

_____

_____。

（3）名称：_____。

功能：_____

_____

_____。

（4）名称：_____。

功能：_____

_____

_____。

（5）名称：_____。

功能：_____

_____

_____。

（6）名称：_____。

功能：_____

_____

_____。

（7）名称：_____。

功能：_____

_____

_____ 。

（8）名称：_____ 。

功能：_____

_____

_____ 。

2. 实训总结

代表汇报：本次旋风分离器认识完毕。

教师提问：通过本次实训你们有什么收获？

学生回答：

五、实训评价

请学习者和教师根据表 2-8-2 的实训评价内容进行自我评价，并将评分标准对应的得分填写于表中。

表 2-8-2 认识旋风分离器评价表

评价内容	评分标准/分	学生自评	教师评价
1.对旋风分离器的作用和结构的掌握情况	20		
2.对安全作业规程的掌握情况	15		
3.对作业风险评估的掌握情况	15		
评分累计			
总分			

实训 2-9　　认识布袋除尘器

一、实训目的

① 了解布袋除尘器的结构、工作原理及作用。

② 掌握布袋除尘器的安全作业规程及操作方法。

二、实训条件

（1）实训场所

钾肥生产实训基地。

（2）实训设备

布袋除尘器。

三、相关知识

1. 布袋除尘器的工作原理

袋式除尘器（图 2-9-1）是一种干式滤尘装置。它适用于捕集细小、干燥、非纤维性粉尘。滤袋采用纺织的滤布或非纺织的毡制成，利用纤维织物的过滤作用对含尘气体进行过滤，当含尘气体进入袋式除尘器后，颗粒大、比重大的粉尘由于重力的作用沉降下来，落入灰斗，含有较细小粉尘的气体在通过滤料时，粉尘被阻留，使气体得到净化。图 2-9-2 为布袋除尘器结构图。

2. 安全作业规程

① 正确穿戴使用劳动防护用品。

② 严格遵守本岗位管理制度，熟知岗位危险有害因素防范及应急措施，确保岗位安全防护设施、设备完好。

③ 严格遵守本岗位操作规程。

④ 当班人员坚守本职工作，非工作人员严禁操作设备。

⑤ 严禁用湿手操作电气设备，发生触电或火灾事故时，应立即切断电源。

⑥ 严禁用水冲洗受热设备或电气设备。

⑦ 清理现场时，严禁接触设备运转部位。

⑧ 禁止高处抛掷物件，防止高空落物。

图 2-9-1　布袋除尘器

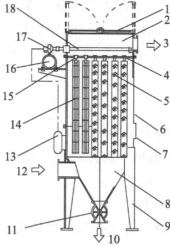

1—上盖板；2—上箱体；3—净气出口；4—花板；5—除尘滤袋；
6—除尘箱体；7—检查门；8—灰斗；9—支架；10—灰尘出口；
11—排灰装置；12—尘气入口；13—控制仪；14—滤袋框架；
15—文氏管；16—气包；17—电磁脉冲阀；18—喷吹管

图 2-9-2　布袋除尘器结构图

3. 设备作业危险及防范

布袋除尘器作业的危险因素、作业时可能产生的后果及防范措施如表 2-9-1
所示。

表 2-9-1　布袋除尘器作业危险及防范

序号	危险有害因素	可能产生的后果	防范措施
1	电危害	电弧烧伤、电击	停电挂牌、验电、个体防护
2	噪声	耳鸣、失聪	降噪、隔离、个体防护
3	震动危害	产生职业危害	消除或减轻震动源的振动、减少接触时间、加强个体防护、定期体检
4	电磁辐射	产生职业危害	减少接触时间、加强个体防护、定期体检
5	防护缺陷	物体打击、人员伤亡	确保防护装置完好、加强个体防护
6	设备设施缺陷	机械伤害、人员伤亡	确保防护装置完好、采用本质安全型设备、加强个体防护
7	运动物危害	人员伤亡	加强管理、加强个体防护
8	作业环境不良	粉尘、烫伤、冻伤、滑跌等	通风、良好照明、改善作业环境,加强个体防护
9	信号缺陷	易产生误操作,造成事故发生	加强管理、定期维护
10	标志缺陷	造成事故发生、人员伤亡	加强管理、定期检查
11	易燃易爆物质	火灾、爆炸、人员伤亡	提高自动化水平,加强个体防护、定期检测
12	负荷超限	个体损伤	加强管理、提高自动化水平
13	健康状况异常	个体损伤、死亡	定期体检、加强管理、合理安排工作时间
14	从事禁忌作业	意外伤亡	加强管理、严禁禁忌性作业
15	指挥错误	人员伤亡	加强管理、严禁违章指挥
16	操作错误	人员伤亡	加强培训及考核、增强人员安全意识
17	监护失误	人员伤亡	加强培训及考核、增强人员安全意识

四、实训操作

1.观察布袋除尘器的结构及功能

按照图 2-9-3 所示，填写布袋除尘器各构件的名称并描述功能。

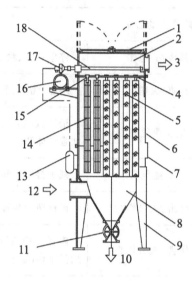

图 2-9-3　布袋除尘器结构图

（1）名称：＿＿＿＿＿＿＿＿＿＿＿＿＿＿＿＿＿＿＿＿＿＿＿＿。

功能：＿＿＿＿＿＿＿＿＿＿＿＿＿＿＿＿＿＿＿＿＿＿＿＿＿＿＿

＿＿＿＿＿＿＿＿＿＿＿＿＿＿＿＿＿＿＿＿＿＿＿＿＿＿＿＿＿＿。

（2）名称：＿＿＿＿＿＿＿＿＿＿＿＿＿＿＿＿＿＿＿＿＿＿＿＿。

功能：＿＿＿＿＿＿＿＿＿＿＿＿＿＿＿＿＿＿＿＿＿＿＿＿＿＿＿

＿＿＿＿＿＿＿＿＿＿＿＿＿＿＿＿＿＿＿＿＿＿＿＿＿＿＿＿＿＿。

（3）名称：＿＿＿＿＿＿＿＿＿＿＿＿＿＿＿＿＿＿＿＿＿＿＿＿。

功能：＿＿＿＿＿＿＿＿＿＿＿＿＿＿＿＿＿＿＿＿＿＿＿＿＿＿＿

＿＿＿＿＿＿＿＿＿＿＿＿＿＿＿＿＿＿＿＿＿＿＿＿＿＿＿＿＿＿。

（4）名称：＿＿＿＿＿＿＿＿＿＿＿＿＿＿＿＿＿＿＿＿＿＿＿＿。

功能：_____

_____

_____。

（5）名称：_____。

功能：_____

_____

_____。

（6）名称：_____。

功能：_____

_____

_____。

（7）名称：_____。

功能：_____

_____

_____。

（8）名称：_____。

功能：_____

_____

_____。

（9）名称：_____。

功能：_____

_____

_____。

（10）名称：_____。

功能：_____

_____

_____。

（11）名称：_____。

功能：_____

_____

_____。

（12）名称：_____。

功能：_____

_____

_____。

（13）名称：_____。

功能：_____

_____

_____。

（14）名称：_____。

功能：_____

_____

_____。

（15）名称：_____。

功能：_____

_____

_____。

（16）名称：_____。

功能：_____

_____

_____。

（17）名称：_____。

功能：_____

_____

_____ 。

（18）名称：_____ 。

功能：_____

_____

_____ 。

2. 实训总结

代表汇报：本次布袋除尘器认识完毕。

教师提问：通过本次实训你们有什么收获？

学生回答：

五、实训评价

　　请学习者和教师根据表 2-9-2 的实训评价内容进行自我评价，并将评分标准对应的得分填写于表中。

表 2-9-2　认识布袋除尘器评价表

评价内容	评分标准/分	学生自评	教师评价
1.对布袋除尘器的作用和结构的掌握情况	20		
2.对安全作业规程的掌握情况	15		
3.对作业风险评估的掌握情况	15		
评分累计			
总分			

实训 2-10　认识渣浆泵

一、实训目的

① 了解渣浆泵的结构、工作原理及作用。
② 掌握渣浆泵的安全作业规程及操作方法。

二、实训条件

（1）实训场所
钾肥生产实训基地。
（2）实训设备
渣浆泵。

三、相关知识

渣浆泵（图 2-10-1）输送的是含有渣滓的固体颗粒与水的混合物。从原理上讲渣浆泵属于离心泵的一种，在离心力的作用下，液体从叶轮中心被抛向外缘并获得能量，以高速离开叶轮外缘进入蜗形泵壳。在蜗形泵壳中，液体由于流道的逐渐扩大而减速，又将部分动能转变为静压能，最后以较高的压力流入排出管道，送至需要场所。液体由叶轮中心流向外缘时，在叶轮中心形成了一定的真空，由于贮槽液面上方的压力大于泵入口处的压力，液体便被连续压入叶轮中。图 2-10-2 是渣浆泵结构图。

图 2-10-1　渣浆泵

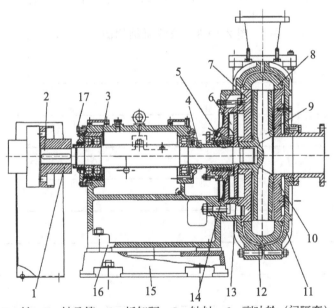

1—联轴器；2—轴；3—轴承箱；4—拆卸环；5—轴封；6—副叶轮（间隔套）；7—后护板；
8—蜗壳；9—叶轮；10—前护板；11—前泵壳；12—后泵壳；13—填料箱；14—水封环；
15—底座；16—托架；17—调节螺钉
多级泵或带机械密封泵装间隔套，不装副叶轮

图 2-10-2　渣浆泵结构图

四、实训操作

1.观察渣浆泵的结构及功能

按照图 2-10-3 所示，填写渣浆泵各构件的名称并描述功能。

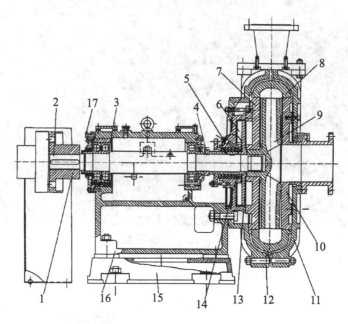

图 2-10-3　渣浆泵结构图

（1）名称：＿＿＿＿＿＿＿＿＿＿＿＿＿＿＿＿＿＿＿＿＿＿＿＿＿＿＿＿＿。

　　功能：＿＿＿＿＿＿＿＿＿＿＿＿＿＿＿＿＿＿＿＿＿＿＿＿＿＿＿＿＿

＿＿＿＿＿＿＿＿＿＿＿＿＿＿＿＿＿＿＿＿＿＿＿＿＿＿＿＿＿＿＿＿＿＿＿

＿＿＿＿＿＿＿＿＿＿＿＿＿＿＿＿＿＿＿＿＿＿＿＿＿＿＿＿＿＿＿＿＿＿。

（2）名称：＿＿＿＿＿＿＿＿＿＿＿＿＿＿＿＿＿＿＿＿＿＿＿＿＿＿＿＿＿。

　　功能：＿＿＿＿＿＿＿＿＿＿＿＿＿＿＿＿＿＿＿＿＿＿＿＿＿＿＿＿＿

＿＿＿＿＿＿＿＿＿＿＿＿＿＿＿＿＿＿＿＿＿＿＿＿＿＿＿＿＿＿＿＿＿＿＿

＿＿＿＿＿＿＿＿＿＿＿＿＿＿＿＿＿＿＿＿＿＿＿＿＿＿＿＿＿＿＿＿＿＿。

（3）名称：＿＿＿＿＿＿＿＿＿＿＿＿＿＿＿＿＿＿＿＿＿＿＿＿＿＿＿＿＿。

　　功能：＿＿＿＿＿＿＿＿＿＿＿＿＿＿＿＿＿＿＿＿＿＿＿＿＿＿＿＿＿

＿＿＿＿＿＿＿＿＿＿＿＿＿＿＿＿＿＿＿＿＿＿＿＿＿＿＿＿＿＿＿＿＿＿＿

_____。

（4）名称：_____。

功能：_____

_____

_____。

（5）名称：_____。

功能：_____

_____

_____。

（6）名称：_____。

功能：_____

_____

_____。

（7）名称：_____。

功能：_____

_____

_____。

（8）名称：_____。

功能：_____

_____

_____。

（9）名称：_____。

功能：_____

_____

_____。

（10）名称：_____。

功能：_____

_____

_____。

(11) 名称：_____。

功能：_____

_____

_____。

(12) 名称：_____。

功能：_____

_____

_____。

(13) 名称：_____。

功能：_____

_____

_____。

(14) 名称：_____。

功能：_____

_____

_____。

(15) 名称：_____。

功能：_____

_____

_____。

(16) 名称：_____。

功能：_____

_____

_____ 。

（17）名称：_____ 。

功能：_____

_____

_____ 。

2. 实训总结

代表汇报：本次渣浆泵认识完毕。

教师提问：通过本次实训你们有什么收获？

学生回答：

五、实训评价

请学习者和教师根据表 2-10-1 的实训评价内容进行自我评价，并将评分标准对应的得分填写于表中。

表 2-10-1　认识渣浆泵评价表

评价内容	评分标准/分	学生自评	教师评价
1.对渣浆泵的作用和结构的掌握情况	20		
2.对安全作业规程的掌握情况	15		
3.对作业风险评估的掌握情况	15		
评分累计			
总分			

模块三 认识DCS

【模块内容概述】

本模块旨在介绍 NT6000 分散控制系统（Distributed Control System，DCS）支持多种协议的现场总线，为实现流程工业自动运行、全能值班、少人巡检提供完整解决方案。

【知识与技能目标】

1. 了解 DCS 基本概念。

2. 认识 DCS 产品特点。

3. 学会分析仿真工艺流程图。

4. 熟悉 DCS 控制界面。

5. 掌握 DCS 操作方法。

6. 能够准确调节冷态开车相关参数。

【素养目标】

1. 相互帮助、交流探讨，共建合作学习方式。

2. 提高分析问题、解决问题的能力。

3. 将理论同仿真结合学习，激发学习的积极性。

实训 认识DCS

一、实训目的

① 了解 DCS 基本概念。

② 学会分析仿真工艺流程图。

③ 熟悉 DCS 控制界面。

④ 掌握 DCS 操作方法。

74

二、实训条件

（1）实训场所

钾肥生产实训基地。

（2）实训设备

DCS。

三、相关知识

1. DCS

（1）概念和功能

DCS（图 3-1-1）支持多种协议的现场总线，在常规功能基础上拓展三维可视化监控、视频巡检、控制优化、机组自启停 APS、智能运行故障诊断和事故预报三维可视化在线仿真等先进功能，为实现流程工业自动运行、全能值班、少人巡检提供完整解决方案。

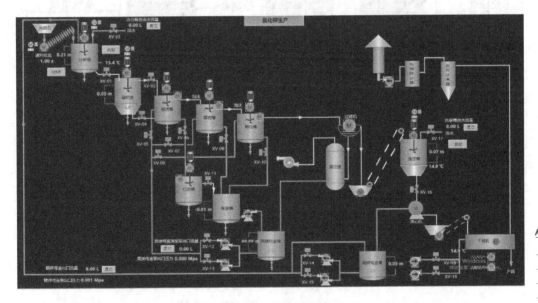

图 3-1-1　DCS 系统

（2）DCS 的优势

拥有 CE 认证、UL 认证、电磁兼容 SIL3 认证，符合 G3 等级；采用故障安全设计；支持全冗余、多重隔离、网络信息安全、全系统自诊断；快速精准控制，控制周期小于 100ms，最小 5ms；分布式 SOE 设计；智能、易用设计；支持免维护组态、无扰在线组态、自定义模块、程序加密等；提供丰富的流程工业专业软硬件控制模块；支持 Modbus RTU/TCP、Profibus DP/PA、HART、FF、CAN 等多总线协议；拓展各项智能功能应用。

　　NT6000 采用扁平化结构、单层对等控制网络、无主透明数据库，无需中间服务器，所有工作站均为全功能站，可通过权限区分各站点功能；具有良好的开放性，支持十种以上的总线通信协议；提供 1∶1 虚拟仿真功能，是最新一代具有自主知识产权的分散控制系统。见图 3-1-2。

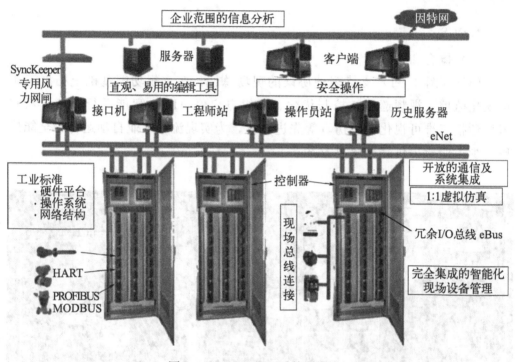

图 3-1-2　NT6000 系统结构图

　　控制器、通信单元等采用 1∶1 冗余配置，控制多通道 I/O 冗余配置，如图 3-1-3 所示。

图 3-1-3　控制器及卡件

　　NT6000 控制网络最多支持 8 个网络域，每个网络域最多支持 64 对控制器和 100 个操作站，所有网络节点间的数据传输不需要通过服务器传递；网络域间通过三层交换机或路由器实现数据安全传输，任意网络域间数据通信的权限和数据流量均可设置；每个网络设备都具有两个独立的完全隔离的网络接口，冗余网络同时工作。IO 网络支持分布式布局，最远控制范围可达 20km；一对控制器最多支持 24 路 IO 分支、192 个 I/O 模块、3072 个 I/O 测点。

　　NT6000 具有基于工业以太网的多种现场总线冗余解决方案，支持十种以上总线协议，能够支持 HART、PROFIBUS、MODBUS、FF、CAN 等多种现场总线的高可靠性混合应用。

　　具有高效的工程组态协同环境，支持在线组态功能，具备多人同时对统一控制器进行协同组态的能力，允许多人在线进行组态修改和对控制器进行无扰下装。控制器组态更新没有编译过程，新组态在一个控制器周期内生效，可以随时修改随时调用，便于参数修改和多人同时进行现场调试。

　　运算周期可设置为 5～500ms，完全满足化工行业反应快速的要求，运算周期示意如图 3-1-4 所示。

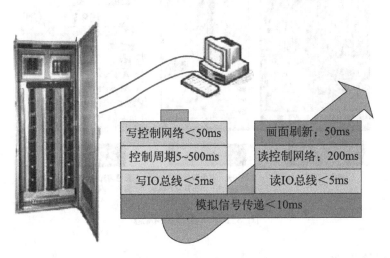

图 3-1-4　运算周期示意图

　　支持基于现代控制理论的优化算法（PID 参数自整定等），平均无故障时间（MTBF）：300000 小时。

　　系统采用模块化设计，取消了端子排机构，这种设计的优点在于取消中间接线环节，减少了内部连接的错误，且安装和维护极为简便。

　　系统具有完善的自诊断功能，自动记录故障报警并能提示维护人员进行维护，实现无差错切换。具有专利技术的分布式 SOE 系统，任一 IO 分支下的 DI 模块的任一通道均可配置 SOE 通道，SOE 分辨率小于 0.2ms。系统具备

DPU 功能，采用可直接装载真实控制器的控制策略，并与真实控制器相互通信，提供控制策略仿真测试功能，缩短调试、检修周期。逻辑界面组态采用图形化、模块化组态方式，并提供多种功能及算法模块供用户选用，实现数据采集、连续控制、顺序控制、自动调节的控制功能。提供二次开发接口，满足化工行业优化控制的需求。

2. 流程显示界面

界面主次分明，可全局总览。画面分为系统总图与系统子图，在系统总图上可监控全厂设备运行状态及重要运行参数，在系统子图上可监控单个系统的全部设备及参数。

操作简单，易于分辨。单个设备操作简单明了，打开设备面板时可监控设备的状态，可根据设备运行情况一键启停。所有测点均可显示正常、故障、参数上下越限等状态，如图 3-1-5 所示。

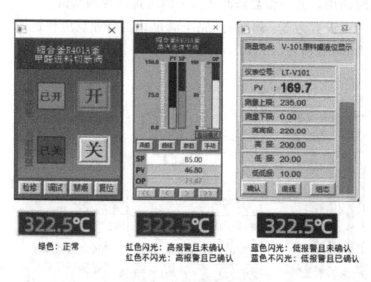

图 3-1-5　操作点状态

（1）报警界面

报警界面负责 DCS 报警信息的采集、处理和显示。当故障发生时，报警系统通过视觉及声音信号通知运行人员，运行人员可根据报警信号的不同等级判断报警的紧迫程度，并及时采取相应的措施消除故障。它与过程控制系统一起对全厂生产过程进行监控，是运行人员了解生产情况的一个重要窗口。

NT6000 分散控制系统的报警分为两类：

① 硬件报警　指系统硬件的报警，包括控制器退出同步、控制器网络断线、卡件通信总线故障、工控机网络故障、系统电源失电、交换机端口故障灯硬件设备的诊断信息。

② 工艺报警 指现场工艺参数高高、高、低、低低限值的报警和设备的运行过程中产生的报警信息，包括状态故障、开关（启停）超时、指令拒绝、强制拒绝、外部故障等。

（2）趋势界面

系统能提供所有测点的实时和历史数据趋势显示，趋势可在整个画面显示，也可在任何其他画面的某一部位以任一尺寸显示，任何模拟量信号或计算值都可做趋势显示。在一幅趋势显示画面中，运行人员可重新设置趋势变量、趋势显示数目、时间标度、时间基准及趋势显示的颜色。

① 报表界面 NT6000 报表软件使用户以表格的形式获得所需信息。报表程序在工程师站或操作员站中运行，并且提供易用报表定义、灵活的报表生成和打印机管理。系统还支持 web 方式报表显示，用户可用浏览器访问各类报表。

② 顺序控制 提供完备的顺序控制管理功能，实现复杂的控制逻辑。在监控界面上显示顺序进行的步序号，在安全条件许可下，可执行中断功能和跳步功能。当顺序中断后，如果条件满足，则可在原中断点重新开始执行，在管理画面上指示出顺控的状态，显示当前产品生产的流程。

3. 设备软件

（1）设备管理软件

通过现场总线设备管理软件，可在工程师站上通过控制系统网络进行统一管理。NT6000 现场总线设备管理软件可以对接入系统的各种现场总线设备进行配置、编程和诊断操作，不仅支持 FDT/DTM 架构，也能够兼容 EDDL 架构，而且已形成对主流智能设备的驱动库，可以直接调用。

（2）批处理管理软件

随着计算机技术、网络技术和软件技术的迅速发展，传统的工业控制软件已经不能满足生产过程控制复杂性、产品多样性和操作友好性的要求，为此批处理管理软件应运而生。批量生产过程是按照顺序的操作步骤进行生产的过程，这个过程是间歇的、不连续的而且操作步骤不是固定不变的，根据不同的产品可以有相应的变化，其广泛应用于精细化工、食品饮料、生物医药和农药化肥等相关领域。

批处理管理软件基于 IEC61131-3 技术平台，符合 IAS-S88 标准，是以原有 DCS 系统为硬件平台，在此基础上对于传统控制软件的附加和优化，从而满足现代工业生产过程的多种需求，实现控制方式和模型的优化。该软件包括批量编辑器、批量引擎和批量调度器三部分，配合 DCS 的 HMI 和底层设备控制，实现化工生产的批次管理功能。

（3）批量编辑器

批量编辑器是批处理控制系统的工程组态客户端，通过批量编辑器用户可以根据自己的工艺流程搭建及修改组态功能，包括对上传设备的组态、工艺流程的组态、物料信息的管理以及通用系统的配置等。

（4）批量引擎

批量引擎是批处理控制系统的运行时组件，负责完成批量控制过程的执行，搭建好的工程将在批量引擎下完成运行和运算。具体功能包括：调度单个控制配方的运行，协调多个配方的运行，资源冲突仲裁，收集控制配方运行的信息，与控制系统通信。

（5）批量调度器

批量调度器是批处理控制系统的在线批次控制客户端，用于工艺的单元选择、配方物理路径选择、配方的下载。通过批量调度器，用户可以在多个操作站上对配方批次进行添加、删除、启动、停止、运行状态监测等操作。

（6）控制系统

批处理系统与 DCS 控制系统进行数据交互，批量引擎通过控制系统完成对最底层设备的通信操作。

（7）HMI

批处理系统外部通信模块，批量引擎提供批量过程状态信息，HMI 通过这些信息来实时监测批量过程的进度、状态。

四、实训操作

1. 观察 DCS 的结构及功能

根据图 3-1-6 填写各部位的名称及功能。

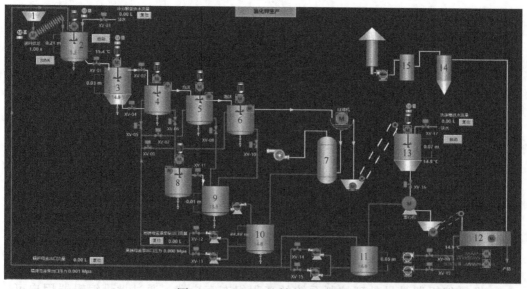

图 3-1-6　DCS 的结构及功能

（1）名称：_____。

功能：_____

_____

_____。

（2）名称：_____。

功能：_____

_____

_____。

（3）名称：_____。

功能：_____

_____

_____。

（4）名称：_____。

功能：_____

_____

_____。

（5）名称：_____。

功能：_____

_____

_____。

（6）名称：_____。

功能：_____

_____

_____。

（7）名称：_____。

功能：_____

_____

_____ 。

（8）名称：_____ 。

功能：_____

_____

_____ 。

（9）名称：_____ 。

功能：_____

_____

_____ 。

（10）名称：_____ 。

功能：_____

_____

_____ 。

（11）名称：_____ 。

功能：_____

_____

_____ 。

（12）名称：_____ 。

功能：_____

_____

_____ 。

（13）名称：_____ 。

功能：_____

_____

_____ 。

（14）名称：_____。

功能：_____

_____

_____。

（15）名称：_____。

功能：_____

_____

_____。

2. 实训总结

代表汇报：本次 DCS 系统操作学习完毕。

教师提问：通过本次实训你们有什么收获？

学生回答：

五、实训评价

请学习者和教师根据表 3-1-1 的实训评价内容进行自我评价，并将评分标准对应的得分填写于表中。

表 3-1-1　认识 DCS 系统评价表

评价内容	评分标准/分	学生自评	教师评价
1.对 DCS 的作用和结构的掌握情况	20		
2.对流程显示界面的掌握情况	15		
3.对设备软件的掌握情况	15		
评分累计			
总分			

模块四 岗位安全操作

【模块内容概述】

　　本模块主要描述以光卤石为原料，采用冷分解-正浮选-洗涤法工艺生产钾肥。重点介绍了各岗位的岗位任务、岗位安全操作规程、设备操作步骤及设备安全操作注意事项，旨在使学生掌握操作方法，培养学生安全操作意识及爱岗敬业的工作态度。

【知识与技能目标】

　　1.了解以光卤石为原料生产钾肥的工艺流程。

　　2.了解钾肥生产设备结构、组成和参数，以及安全措施。

　　3.能进行钾肥生产整体设备开车、稳态运行、停车。

　　4.掌握钾肥生产工艺指标及参数。

　　5.能够熟练掌握钾肥生产DCS操作，并能通过DCS操作工艺的稳定性，调整工艺参数，优化操作过程。

【素养目标】

　　1.培养岗位安全操作意识。

　　2.培养岗位中积极探索和优化工艺指标的精益化生产理念。

　　3.培养学生团队合作意识，让学生感受团队合作在企业中的重要性。

　　4.通过了解钾肥在国民生产中的重要作用，培养学生服务国家和服务地方的奉献精神。

 实训 4-1　　冷分解操作

一、实训目的

　　冷分解操作是将上料机输送来的原料输入分解釜中，用母液或水分解光卤

84

石，将光卤石中的氯化镁等转入液相，钾肥尽可能保留在固相中。将分解釜中调配好的原料输送到调和釜中，按照工艺配比在调和釜中加入浮选药剂，通过搅拌混合均匀得到浮选分离用的初始原料。需要达到如下实训目的：

① 认知冷分解操作岗的岗位任务，了解该岗位安全须知。

② 掌握本岗位设备安全操作方法，培养学生团结合作的精神。

二、实训条件

（1）实训场所

钾肥生产实训基地。

（2）实训设备

分解釜、调和釜。

三、相关知识

1. 分解釜开车准备

① 检查分解釜是否完好，分解釜底部法兰是否关闭。

② 检查皮带轮、三角带的松紧程度和完好情况。

③ 检查水路管道是否畅通。

④ 检查电子秤、流量计是否显示。

2. 设备操作注意事项

在开车停车操作过程中，应该注意以下事项：

① 上岗前必须穿戴好劳动防护用品，长发应纳入安全帽内。

② 熟知本岗位危险源防范及应急措施，确保岗位设备安全防护设施、消防器材完好。

③ 严格遵守本岗位操作规程。

④ 操作时必须走安全通道。禁止钻、爬、靠平台护栏。要与传动设备保持足够的安全距离。

⑤ 禁止私自观测液位及浓度。

⑥ 进入设备区内作业，必须办理相关作业票，设专人监护，夜间保证足够的照明。

⑦ 保持作业场所清洁，防止滑跌。

⑧ 严禁向下抛、掷物品。

⑨ 严格遵守本岗位设备巡检制度，发现问题及时上报处理。

⑩ 严禁将手、头伸进釜内。

⑪ 启动搅拌器前需要确认搅拌桨及电机运行正常。

⑫ 严禁用手触碰电机及搅拌器。

⑬ 向釜中投料时，需关注釜内情况。

⑭ 根据上矿量和工艺加水量要求，合理调节加水量。

⑮ 根据工艺规程要求定时取样测定，分析有关数据。

⑯ 经常清理皮带滚筒和托辊上的粘矿，防止皮带跑偏。

⑰ 分解釜应尽量避免停机，以防矿沉淀压死槽底叶轮，启动困难。

不正常现象产生原因及处理方法见表 4-1-1。

表 4-1-1　不正常现象产生原因及处理方法

不正常现象	产生原因	处理方法
分解槽溢	溜槽被堵	清除杂物
搅拌效果不好	传动皮带松动、盐矿压槽	张紧皮带，清除底部矿物

3. 调和槽开车准备

① 检查各个零部件的链接是否松动，如发现松动要及时紧固。

② 检查下部联轴器的同心度及间隙情况，发现异常立即处理。

③ 检查叶轮及轴的磨损情况，发现磨损超过规定的范围立即进行检修或更换。

④ 检查槽内液面是否在正常范围内。

4. 药剂的使用

根据光卤石矿中 $CaSO_4$ 或泥沙的含量，可选用相适应的抑制剂，一般正浮选装置大多选用羧甲基纤维素钠。

羧甲基纤维素钠的配置方法是：称取一定的羧甲基纤维素钠，用淡水调试成糊状，稀释至 5‰浓度，搅拌 30min，然后移至加药槽即可使用。

羧甲基纤维素钠的物理化学性质如表 4-1-2 所示。

表 4-1-2　羧甲基纤维素钠的物理化学性质

名称	分子式	外观	水溶性	相对密度
羧甲基纤维素钠	$[C_6H_7O_2(OH)_2OCH_2COONa]_n$	白色粉末	易溶	16

羧甲基纤维素钠的配置要求及加药位置见表 4-1-3。

表 4-1-3　羧甲基纤维素钠的配置要求及加药位置

名称	用量	配置浓度	温度	加药位置
羧甲基纤维素钠	根据原矿中泥土和 $CaSO_4$ 含量添加	5‰	常温	分解釜

浮选药剂正浮选装置以盐酸十八胺为捕收剂，2 号油为起泡剂，羧甲基纤维素钠为抑制剂。表 4-1-4、表 4-1-5 所示分别为浮选药剂的规格及物理化学性质。

表 4-1-4　浮选药剂的规格

序号	名称	分子式	参数
1	十八胺	$C_{18}H_{37}NH_2$	胺值 93～98
2	2 号油	$C_{10}H_{17}OH$	萜烯醇>50％
3	羧甲基纤维素纳	$[C_6H_7O_2(OH)_2OCH_2COONa]_n$	废棉型(稻草型)
4	盐酸	HCl	HCl>31％

表 4-1-5　浮选药剂物理化学性质

名称	外观	水溶解性	相对密度(比重)	凝固点
光卤石	无色透明体	易溶	1.602	—
十八胺	乳白色晶体	不溶	—	≥35℃
羧甲基纤维素纳	白色粉末状固体	易溶	—	—
2 号油	深黄色油状液体	微溶	0.919	—
盐酸	黄色液体	无限可溶	1.19	—

5. 调和釜操作注意事项

① 上岗前必须穿戴好劳动防护用品。

② 熟知本岗位危险有害因素防范及应急措施，确保岗位设备安全防护设施、消防器材完好。

③ 严格遵守本岗位操作规程，执行危险化学品的安全管理制度。

④ 在药槽平台上时，应注意地面打滑。

⑤ 拿取盐酸时，必须戴口罩和手套，防止外漏烧伤。

⑥ 工作结束后必须洗手，防止药剂中毒、腐蚀伤人。

⑦ 在矿浆搅拌运行过程中检查电机温升、电流及声音情况。

⑧ 在矿浆搅拌运行过程中，要时刻检查矿浆搅拌减速器的温升、声音及震动情况是否正常。

⑨ 运行中遇到突然停电事故或按紧急停机按钮停机后，若停机时间超过5min，应对搅拌机进行人工手动转动后再启动，以免矿浆沉积后堵住搅拌器，启动电流过大损坏电机。

四、实训操作

1. 实训步骤

（1）开车

① 教师发出指令，内外操人员进入工作岗位，外操人员进行开车准备。

② 外操：检修设备（用时 10min），检修完毕，用对讲机回答：设备检修一切正常，可以正常开车。并远离设备。

③ 内操：收到命令后开启搅拌机，调整转速为 200r/min。在对讲机中报告搅拌机已开启。

④ 外操：报告收到。

⑤ 内操：报告进料阀已开启。

⑥ 外操：报告收到。

⑦ 内操：报告进水阀已开启。

⑧ 外操：报告收到。

设备运行过程中，外操人员观察设备运行情况，出现异常及时汇报。

内操人员实时观察数据（分解釜液位、搅拌速度、进料量）。

（2）停车

① 内操：现在准备停车。

② 外操：收到。

③ 内操：关搅拌机（将转速调零，再关开关）。回答搅拌机已关闭。

④ 外操：搅拌机已关。

⑤ 内操：进料阀已关闭。

⑥ 外操：进料停止。

⑦ 内操：进水阀已关闭。

⑧ 外操：进水已停止。

2. 实训总结

代表汇报：本次分解釜开、停车操作完毕。

教师提问：通过本次实训你们有什么收获？

学生回答：

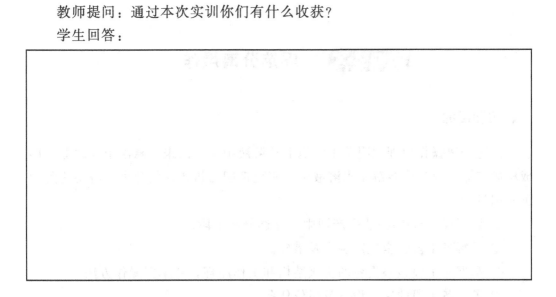

五、实训评价

请学习者和教师根据表 4-1-6 的实训评价内容进行自我评价，并将评分标准对应的得分填写于表中。

表 4-1-6 冷分解操作评价表

评价内容	评价细则	评分标准/分	学生自评	教师评价
操作技能评价（80分）	1.在操作过程中内外操能合理沟通，并且思路清晰	10		
	2.指令表达流畅，接收指令后能有效传递信息	10		
	3.设备检修全面，检修方法正确	5		
	4.阀门开关及 DCS 操作等能够按照正确方法进行	5		
	5.按照正确的停、开车顺序进行操作	5		
	6.汇报时思路清晰，能将自己的所得所想表达清楚	5		
素质评分（20分）	操作过程中体现团队合作精神，注重团队沟通及团队人员参与	10		
评分累计				
总分				

实训 4-2　浮选分离操作

一、实训目的

浮选分离操作使钾肥附着于气泡上从溶液中浮选出来，悬浮于液面上，形成精矿泡沫。氯化镁溶解于水溶液中，实现钾肥与氯化镁的分离。需要达到如下实训目的：

① 认识反浮选-结晶法生产钾肥的浮选分离工段。

② 了解各工段安全生产制度及措施。

③ 掌握各工段核心设备的机械结构和工作原理，并掌握操作方法；

④ 了解各工段的岗位设置及岗位任务。

⑤ 能够进行设备开车前的检修。

⑥ 能分析解决设备运行过程中出现的问题。

⑦ 能辨识危险源，遇到危险能采取正确的措施进行处理。

⑧ 能进行设备的日常维护。

二、实训条件

（1）岗位基本要求

① 岗位人员必须穿戴好帽子、工作服，发辫应纳入帽内。

② 工作时不得擅自脱离岗位，要按操作规程和维护规程巡回检查，禁止在岗位中打闹、嬉戏、饮酒等违反劳动纪律的行为。

③ 严禁将手伸入槽内。

④ 启动浮选机前必须安装好安全罩，并站在磁力开关侧面进行启动。

⑤ 浮选机压住时，在盘动皮带轮时禁止把手伸进皮带与皮带轮之间。

⑥ 上刮板三角皮带时，不准用手指拿着，可用手掌托皮带试着向上推；用浮选机传动的刮板，必须停车后上皮带。

⑦ 认真填写各种原始记录。搞好设备和区域卫生。

（2）实训场所

钾肥生产实训基地。

（3）实训设备

浮选槽。

三、相关知识

1. 浮选机开车准备

① 在开始浮选前，应做以下检查工作：

A. 检查有无松动的扣件；

B. 确认所有的动力和通风连接可靠；

C. 确认所有的传动皮带和皮带罩完好；

D. 确认槽体和箱体内无异物。

② 打开所有测量仪表和水平控制器。

③ 停车时放料阀通常处于上位（开始位置），关闭放料阀。

④ 在浮选槽中注入矿浆，关闭中间箱和排料箱。在喂料箱中注入启动所需矿浆并达到深度，在注入矿浆的过程中机械部分一般不启动。

⑤ 如果槽底有沙砾等东西，虽对浮选机械部分的运转没有影响，但对工序设备运转有影响，应该加以清除。

⑥ 尽管机械部分随时可以启动，但是只有当液位达到导流管附近时才可以启动转子。

⑦ 根据工艺调整的要求，利用液位传感器及底流阀向系统提供矿料。

⑧ 浮选液面达到操作位置后启动刮板电机，浮选液面达到固定高度时开启浮选底流阀向系统供矿料。

⑨ 检查渗漏情况，较小的渗漏会由于固体沉淀而被密封。

⑩ 调整流量（泡沫及底流）和空气进口，以得到适宜的浮选效果。

⑪ 用少量卤水将泡沫槽中的泡沫冲走。

⑫ 最初的几小时或几天内有浮选经验型波动，是由浮选回路的不稳定造成的，由于进料的快速波动而不能改变控制部分参数，这会造成对正常生产操作中的控制不够，经过较长时间后进料波动现象会得到控制。

⑬ 如果浮选进行较为平稳并符合工艺要求，应避免进行调整。

⑭ 操作单元应与管理系统和转换机保持一致，改变操作制度是引起损失和破坏下一工序操作稳定的主因。

⑮ 必须安全生产，视质量为生命。

⑯ 在检修、检查及维护之前，必须关闭电气设备的电源开关，使用断路器或断路开关。在上机检修维护之前，必须关闭电源开关，并将其锁死或在开关柜上加醒目标签说明，使其不能合闸。

⑰ 只有有经验的人员和完全懂设备本质的人才可以安全拆卸和维护。

2. 设备操作注意事项

① 上岗前必须穿戴好劳动防护用品。

② 熟知本岗位危险有害因素防范及应急措施，确保岗位设备安全防护设施，消防器材完好。

③ 严格遵守本岗位操作规程。

④ 严格遵守本岗位设备巡检制度，发现问题及时上报处理。

⑤ 药剂箱附近动火必须遵守动火作业管理规定。

⑥ 接触药剂后必须洗手。

⑦ 严禁用水喷淋或湿手操作电气设备、设施。

⑧ 操作时必须走安全通道。

四、实训操作

1. 实训步骤

（1）开车

① 教师发出指令，内外操人员进入工作岗位，外操进行开车准备。

② 外操：检修设备（用时 10min），检修完毕，对讲机回答（设备检修一切正常，可以正常开车）并远离设备。

③ 内操：收到。精选槽刮板电机已开启。

④ 外操：收到。

⑤ 内操：粗选槽刮板电机已开启。

⑥ 外操：收到（粗选时间约为 7min）。

⑦ 外操：调和釜料浆已全部出料。出料阀已关。

⑧ 内操：收到。（开始一次精选和二次精选）精选槽搅拌电机已开启，精选槽刮板电机已开启。

⑨ 外操：收到。

设备运行过程中，外操人员观察设备运行情况，出现异常及时汇报。

内操人员实时观察数据（调和釜液位、搅拌速度、进料量）。

（2）停车

① 内操回答（现在准备停车）。

② 外操：收到。

③ 内操：关闭粗选槽搅拌电机，关闭刮板电机（将转速调零，再关开关）。回答（粗选槽搅拌电机、刮板电机已关闭）。

④ 外操：收到。粗选槽搅拌电机已关，刮板电机已关。

⑤ 内操：关闭一次精选槽搅拌电机，关闭刮板电机（将转速调零，再关开关）。回答（一次精选槽搅拌电机、刮板电机已关闭）。

⑥ 外操：收到。一次精选槽搅拌电机已关，刮板电机已关。

⑦ 内操：关闭二次精选槽搅拌电机，关闭刮板电机（将转速调零，再关开关）。回答（二次精选槽搅拌电机、刮板电机已关闭）。

⑧ 外操：收到。二次精选槽搅拌电机已关，刮板电机已关。

⑨ 内操：关闭精选槽出口阀。

⑩ 外操：收到，阀门已关。

⑪ 内槽：关闭扫选槽搅拌电机，关闭刮板电机（将转速调零，再关开关）。回答（扫选槽搅拌电机、刮板电机已关闭）。

⑫ 外操：收到。扫选槽搅拌电机已关，刮板电机已关。

⑬ 内操：打开扫选槽出口阀（将扫选槽中的料浆排出到废液槽中）。

⑭ 外操：收到。出口阀已开。

⑮ 内操：（当扫选槽中料浆排完之后）关闭精选槽出口阀和扫选槽出口阀。

⑯ 外操：收到。精选槽出口阀已关，扫选槽出口阀已关。

⑰ 内操：（将一次精选槽和二次精选槽中的料浆排放到废液槽）打开一次精选槽出口阀和二次精选槽出口阀。

⑱ 外操：收到。一次精选槽出口阀已开，二次精选槽出口阀已开。

⑲ 内操：（料浆排尽）关闭一次精选槽出口阀和二次精选槽出口阀。

⑳ 外操：收到。一次精选槽出口阀已关，二次精选槽出口阀已关。

2. 实训总结

代表汇报：本次浮选槽开、停车操作完毕。

教师提问：通过本次实训你们有什么收获？

学生回答：

五、实训评价

请学习者和教师根据表 4-2-1 的实训评价内容进行自我评价，并将评分标准对应的得分填写于表中。

表 4-2-1　浮选分离操作评价表

评价内容	评价细则	评分标准/分	学生自评	教师评价
操作技能评价（80分）	1.在操作过程中内外操能合理沟通,并且思路清晰	10		
	2.流畅发出指令,接收指令后能有效传递信息	10		
	3.设备检修全面,检修方法正确	5		
	4.阀门开关及 DCS 操作等能够按照正确方法进行	5		
	5.按照正确的停、开车顺序进行操作	5		
	6.汇报时思路清晰,能将自己的所得所想清楚表达	5		
素质评分（20分）	操作过程中体现团队合作精神,注重团队沟通及团队人员参与	10		
评分累计				
总分				

实训 4-3　洗涤槽操作

一、实训目的

洗涤槽操作是将过滤出来的湿粗制钾肥用淡水进行洗涤，去除里面的氯化钠。需要达到如下实训目的：

① 认识反浮选-结晶法生产钾肥的洗涤工段。

② 了解各工段安全生产制度及措施。

③ 掌握各工段核心设备的机械结构和工作原理，并掌握操作方法。

④ 了解各工段的岗位设置及岗位任务。

⑤ 能够进行设备开车前的检修。

⑥ 对设备运行过程中出现的问题有分析解决能力。

⑦ 能辨识危险源，遇到危险能采取正确的措施进行处理。

⑧ 能进行设备的日常维护。

二、实训条件

（1）实训场所

钾肥生产实训基地。

（2）实训设备

洗涤槽。

三、相关知识

1. 洗涤槽准备工作

① 保证洗涤槽清洗干净，内部没有杂物，以免影响产品纯度。

② 检查水路，保证清洗过程中纯净水能充分供给。

③ 检查各部件处于正常状态，尤其是紧固件处于拧紧状态。

2. 设备操作注意事项

① 开机前要戴好安全帽，穿好工作服，发辫纳入安全帽内。

② 工作时不得擅自脱离岗位，要按操作规程和维护规程巡回检查，禁止在岗位中打闹、嬉戏、饮酒等违反劳动纪律的行为。

③ 设备运转过程中双手及衣服应远离传动部件。

④ 进行检修工作时，一定要挂上警告牌，切断电气控制器，使任何人都不能启动设备。

⑤ 检修完成后一定要检查有无工具遗留在槽内。

⑥ 运转过程中严禁用棍棒或其他工具往槽内捅料。

⑦ 洗涤槽运转过程中严禁任何人横跨。

⑧ 在洗涤槽运转时，切不可进行任何检查、调整或修理工作。

⑨ 电机通电时不可用手或其他身体部位碰触，以免触电受伤。

⑩ 进料的多少与进水的多少需按照工艺要求进行。

⑪ 洗涤槽使用完成后需要进行清洗、维护。

四、实训操作

1. 实训步骤

（1）开车

① 教师发出指令，内外操人员进入工作岗位，外操进行开车准备。

② 外操：检修设备（用时 10min），检修完毕，对讲机回答（设备检修一切正常，可以正常开车）并远离设备。

③ 内操：收到，启动真空泵。

④ 外操：收到，真空泵已启动。

⑤ 内操：打开过滤机。

⑥ 外操：收到，过滤机已启动。

⑦ 内操：打开上料机。

⑧ 外操：收到，上料机已启动。

⑨ 内操：洗涤槽搅拌机已打开（搅拌速度为 200r/min）。打开淡水出口阀。

⑩ 外操：收到。搅拌机已开，淡水出口阀已开。

⑪ 内操：（洗涤槽的水流总量为 1.9kg 时）关闭淡水出口阀。

⑫ 外操：收到，淡水出口阀已关。

⑬ 内操：打开洗涤槽出口阀。

⑭ 外操：收到，出口阀已开。

⑮ 内操：离心机已启动。料浆全部离心之后关闭洗涤槽出口阀。

⑯ 外操：收到，洗涤槽出口阀已关闭。

设备运行过程中，外操人员观察设备运行情况，出现异常及时汇报。

内操人员实时观察数据（洗涤槽液位、搅拌速度、进料量）。

（2）停车

① 内操回答（现在准备停车）。

② 外操：收到。

③ 内操：关闭过滤机。

④ 外操：收到，过滤机控制箱按钮已调至初始状态。

⑤ 内操：关闭上料机。

⑥ 外操：收到，上料机已关。

⑦ 内操：关闭洗涤槽搅拌电机。（设置搅拌速度为 0r/min，再关闭开关）

⑧ 外操：收到，洗涤槽搅拌电机已关。

⑨ 内操：关闭离心机。（设置搅拌速度为 0r/min，再关闭开关）

⑩ 外操：收到。离心机已关。

2. 实训总结

代表汇报：本次洗涤槽开、停车操作完毕。

教师提问：通过本次实训你们有什么收获？
学生回答：

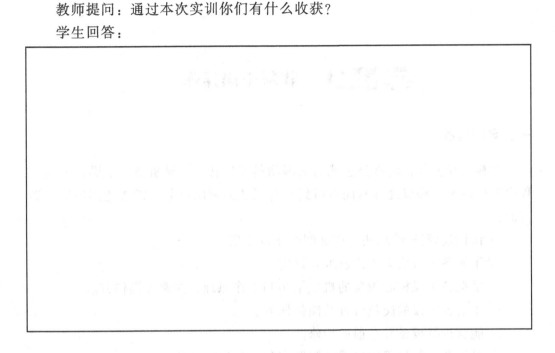

五、实训评价

请学习者和教师根据表 4-3-1 的实训评价内容进行自我评价，并将评分标准对应的得分填写于表中。

表 4-3-1　洗涤槽操作（岗）评价表

评价内容	评价细则	评分标准/分	学生自评	教师评价
操作技能评价（80分）	1.在操作过程中内外操能合理沟通,并且思路清晰	10		
	2.流畅发出指令,接收指令后能有效传递信息	10		
	3.设备检修全面,检修方法正确	5		
	4.阀门开关及 DCS 操作等能够按照正确方法进行	5		
	5.按照正确的停、开车顺序进行操作	5		
	6.汇报时思路清晰,能将自己的所得所想清楚表达	5		
素质评分（20分）	操作过程中体现团队合作精神,注重团队沟通及团队人员参与	10		
评分累计				
总分				

实训 4-4　　物料干燥操作

一、实训目的

物料干燥操作是将洗涤过滤后的湿物料通过转筒干燥机进行干燥，干燥过程中严格控制干燥温度与时间以得到符合工艺的钾肥产品。需要达到如下实训目的：

① 认识反浮选-结晶法生产钾肥的干燥工段。

② 了解各工段安全生产制度及措施。

③ 掌握各工段核心设备的机械结构和工作原理，并掌握操作方法。

④ 了解各工段的岗位设置及岗位任务。

⑤ 能够进行设备开车前的检修。

⑥ 对设备运行过程中出现的问题有分析和解决的能力。

⑦ 能辨识危险源，遇到危险能采取正确的措施进行处理。

⑧ 能进行设备的日常维护。

二、实训条件

（1）实训场所

钾肥生产实训基地。

（2）实训设备

干燥机。

三、相关知识

1. 干燥机准备工作

① 检查高温烟气阀门及热源系统是否能正常工作。

② 检查各导管和阀门及附属设备是否正常运行。

③ 检查给料、卸料及输送设备有无杂物。

2. 设备操作注意事项

① 上岗前必须穿戴好劳动防护用品。

② 熟知本岗位危险有害因素及防范应急措施，确保岗位设备安全防护设施、消防器材完好。

③ 严格遵守本岗位操作规程。

④ 严格遵守本岗位设备巡检制度，发现问题及时上报处理。

⑤ 药剂箱附近动火必须遵守动火作业管理规定。

⑥ 接触药剂后必须洗手。

⑦ 严禁用水喷淋或湿手操作电气设备、设施。

⑧ 操作时必须走安全通道。

四、实训操作

1. 实训步骤

（1）开车

① 教师发出指令，内外操人员进入工作岗位，外操进行开车准备。

② 外操：检修设备（用时 10min），检修完毕，对讲机回答（设备检修一切正常，可以正常开车）并远离设备。

③ 内操：收到。打开干燥机，确认热送风机和引风机状态为开。

④ 外操：收到。干燥机已启动，热送风机和引风机确认已打开。

⑤ 内操：打开干燥机阀门。

⑥ 外操：收到，阀门已打开。

⑦ 内操：（加热丝已开始加热）等待出料。

⑧ 外操：收到，（静待几分钟后）已开始出料。

设备运行过程中，外操人员观察设备运行情况，出现异常及时汇报。内操人员实时观察数据（干燥机状态、出料量）。

（2）停车

① 内操回答（现在准备停车）。

② 外操：收到。

③ 内操：关闭上料机。

④ 外操：收到，上料机已关闭。

⑤ 内操：打开冷风机。

⑥ 外操：收到，冷风机已启动。

⑦ 内操：关闭热风机。

⑧ 外操：收到，热风机已关闭。

⑨ 内操：关闭加热丝，（等待温度降至室温）关闭冷风机。

⑩ 外操：收到，冷风机已关闭。

⑪ 内操：关闭引风机。

⑫ 外操：收到，引风机已关闭。

⑬ 内操：关闭干燥机。

⑭ 外操：干燥机已关闭。

⑮ 关闭计算机，关闭电气柜、DCS 柜电源。

⑯ 断掉设备总电源。

2. 实训总结

代表汇报：本次干燥机开、停车操作完毕。

教师提问：通过本次实训你们有什么收获？

学生回答：

五、实训评价

请学习者和教师根据表 4-4-1 的实训评价内容进行自我评价，并将评分标准对应的得分填写于表中。

表 4-4-1　物料干燥操作（岗）评价表

评价内容	评价细则	评分标准/分	学生自评	教师评价
操作技能评价（80分）	1.在操作过程中内外操能合理沟通,并且思路清晰	10		
	2.流畅发出指令,接收指令后能有效传递信息	10		
	3.设备检修全面,检修方法正确	5		
	4.阀门开关及 DCS 操作等能够按照正确方法进行	5		
	5.按照正确的停、开车顺序进行操作	5		
	6.汇报时思路清晰,能将自己的所得所想清楚表达	5		
素质评分（20分）	操作过程中体现团队合作精神,注重团队沟通及团队人员参与	10		
评分累计				
总分				

模块五 钾肥生产作业与工艺计算

【模块内容概述】

本模块主要讲解完整的钾肥生产工艺过程的操作方法及注意事项，并介绍钾肥生产过程中的物料衡算方法，旨在使学生掌握该实训生产的完整操作步骤，培养学生安全操作意识及团队合作精神。通过工艺计算，让学生意识到节约能源、注重环保的重要性。

【知识与技能目标】

1. 学习触电的种类及方式。

2. 了解人体作用电流的具体划分。

3. 掌握钾肥生产实训操作步骤。

4. 掌握触电急救方法。

5. 识别伤害人体的主要危险源。

6. 掌握钾肥生产实训操作的开停车方法。

7. 学会钾肥生产实训过程中的工艺计算。

8. 了解物料衡算所用的基础数据。

9. 了解各物料的组成成分。

10. 学习初开车时的物料衡算。

11. 掌握正常生产条件下的物料衡算。

12. 能够准确计算钾肥生产实训开停车中的物料衡算。

13. 能够准确计算钾肥生产实训正常条件下的物料衡算。

【素养目标】

1. 树立"安全第一，预防为主"的安全意识。

2. 采用班组分工制度，使得操作过程规范化，培养规范操作的意识。

3. 采用岗位分工、任务驱动等学习方法，培育学生职业素养。

实训 5-1　钾肥生产作业操作

一、实训目的

① 掌握钾肥生产工艺完整的操作方法。

② 使学生掌握内操外操合作方法。

③ 提高学生合作意识。

二、实训条件

（1）实训场所

钾肥生产实训基地。

（2）实训设备

钾肥生产实训设备。

三、相关知识

1. 安全用电

（1）触电的种类

触电可分为接触触电和非接触触电。而接触触电又包括直接触电、间接触电、送电触电、剩电触电四种类型，非接触触电包括进网触电、静电触电、雷电触电三种类型。

（2）电流伤害人体的因素

① 通过人体的电流的大小。通过人体的电流强度取决于触电电压和人体电阻，一般人体电阻在 $1000 \sim 2000 \Omega$，通常女性阻抗要比男性低。

② 电流通过人体时间的长短。通电时间越长，触电伤害程度越严重。

③ 电流通过人体的部位。电流通过人体脑部和心脏时最危险；从外部来看，左手至脚的触电最危险，脚到脚的触电对心脏影响最小。

④ 通过人体的电流的频率。$40 \sim 60 Hz$ 交流电对人危害最大，我国电网交流电频率为 $50 Hz$。

（3）人体作用电流的划分

① 感知电流。引起人的感觉的最小电流称为感知电流，人接触到这样的电流会有轻微麻感，一般成年男性平均感知电流有效值为 $1.1 mA$，成年女性约为 $0.7 mA$。

② 摆脱电流。人触电后能自行摆脱的最大电流称为摆脱电流，一般成年

男性平均摆脱电流有效值为 16mA，成年女性约为 10.5mA，儿童较成年人小。

③ 致命电流。在较短时间内危及生命的电流，称为致命电流。电流达到 50mA 以上，就会引起心室颤动，有生命危险，100mA 以上的电流就足以致死。

（4）触电的方式

① 单相触电。在低压电力系统中，若人站在地上接触到一根火线，即为单相触电或单线触电，人体接触漏电的设备外壳也属于单相触电。

② 两相触电。人体不同部位同时接触两相带电体而引起的触电叫两相触电。

③ 接触电压、跨步电压触电。当外壳接地的电气设备绝缘损坏而使外壳带电，或导线断落发生单相接地故障时，电流由设备外壳经接地线、接地体（或由断落导线经接地点）流入大地，向四周扩散，在导线接地点及周围形成强电场，人在此行走、站立时易发生接触电压触电或跨步电压触电。

接触电压：人站在地上触及设备外壳所承受的电压。

跨步电压：人站立在设备附近地面上，两脚之间所承受的电压。

（5）安全用电

要培养安全用电的意识和觉悟，坚持"安全第一，预防为主"的原则，使员工从内心真正地重视用电安全，促进安全生产，必须遵守安全规程。图 5-1-1 所示为安全用电标识。

图 5-1-1　安全用电标识

① 电气设备不要随便乱动。自己使用的设备、工具，如果电气部分出了故障，不得私自修理，也不得带故障运行，应立即请电工检修。

② 经常接触和使用的配电箱、配电板、闸刀开关、按钮开关、插座、插销以及导线等，必须保持完好、安全，不得破损或将带电部分裸露出来，如有故障及时通知电工维修。

③ 车间（实训室）内的移动式用电器具，如坐地式电风扇、手提砂轮机、手电钻等电动工具都必须安装使用漏电保护开关，实行单机保护。漏电保护开

关要经常检查，每月试跳不少于一次，如有失灵立即更换。熔丝烧断或漏电开关跳闸后要查明原因，排出故障后才可恢复送电。

④ 电气设备的外壳必须按有关安全规程进行防护性接地或接零。对接地或接零的设施要经常进行检查。需要移动某些非固定安装的电气设备时，必须动先切断电源再移动，同时导线要收拾好，不得在地面上拖来拖去，以免磨损。

⑤ 要熟悉自己车间（实训室）主空气断路器（俗称总闸）的位置，一旦发生火灾、触电或其他电气事故，应第一时间切断电源，避免造成更大的财产损失和人身伤亡事故。

⑥ 要按操作规程正确地操作电气设备：开启电气设备要先开总开关，后开分开关，先开传动部分的开关，后开进料部分的开关；关闭电气设备要先关闭分开关，后关闭总开关，先停止进料后停止传动。

⑦ 发现有人触电，千万不要用手去拉触电者，要尽快拉开电源开关，用绝缘工具剪断电线，或用干燥的木棍、竹竿挑开电线，立即用正确的人工呼吸法进行现场抢救，拨打"120"急救电话。

⑧ 带有机械传动的电气设备必须装护盖、防护罩或防护栅栏后才能使用，不能将手或身体其他部位伸入运行中的设备机械传动位置。对设备进行清洁时，必须确认电源切断、机械停止工作，并在确保安全的情况下才能进行，防止发生人身事故。

⑨ 不能私拆灯具、开关、插座等电气设备，不要使用灯具烘烤异物或挪作其他用途。当设备内部出现冒烟、拉弧、焦味等不正常现象，应立即切断设备的电源（切不可用水或泡沫灭火器进行带电灭火），并通知维修人员进行检修，避免扩大故障范围和造成触电事故。当自动保护开关出现跳闸现象时，不能私自重新合闸，应通知电工进行检修。

⑩ 电缆或电线的接口或破损处要用电工胶布包好，不能用医用胶布替代，更不能用尼龙纸或塑料布包扎。不能把电线直接插入插座内用电。

⑪ 不要用湿手触摸灯头、开关、插头、插座或其他用电器具。开关、插座、用电器具损坏或外壳破损时应有专业人员及时修理或更换，未经修复不能使用。

⑫ 千万不要用铜丝、铝丝、铁丝代替熔丝，空气开关损坏后立即更换，熔丝和空气开关的大小一定要与用电容量相匹配，否则容易造成触电或电器火灾。

⑬ 车间（实训室）内的电线不能乱拉乱接，禁止使用多接口和残旧的电线，以防触电。

⑭ 不能在电线上或其他电气设备上悬挂衣物和杂物，不能私自加装使用

大功率或不符国家安全标准的电气设备，如有需要，应向有关部门提出申请审批，由持证电工进行安装。

⑮ 在遇到高压电线断落到地面上时，导线断落点周围 10m 范围禁止人员入内，以防跨步电压触电。如果此时已处在 10m 范围之内，为了防止跨步电压触电，不要跨步走动，应单足或并足跳离危险区。

⑯ 在雷雨天，不要走进高压电杆、铁塔、避雷针的接地导线周围 20m 之内，以免雷击时产生雷电流，发生跨步电压触电。

⑰ 未经许可不得擅自打开电气柜、DCS 柜或进入电气施工现场。

2. 作业防护

① 正确佩戴劳动防护用品；

② 工作中远离正在运行的动设备；

③ 设备检修时保证设备处于断电状态；

④ 操作过程中与内外操人员进行有效沟通，收到指令方可进行操作。

四、实训操作

1. 实训步骤

图 5-1-2、5-1-3 为学生实训操作现场图。

图 5-1-2 学生实训操作现场图（1）

本步骤中提及的参数是在原料光卤石中 KCl 成分含量是 13.70% 的基础上计算得出的，仅做参考。

（1）开车操作步骤

① 检查设备是否正常、线路是否正常、水电是否正常。

图 5-1-3　学生实训操作现场图（2）

② 给设备送电。将总闸推上，将电气柜、DCS 柜子中的开关全部开启。

③ 打开电脑进入 DCS 控制界面，检查各个测点、控制点是否正常。

④ 向分解釜中加原料。在 DCS 界面启动后进入运行环境，设置绞龙的状态为未开，设置绞龙的转速为 200r/min（也可根据实际情况调节），向分解釜中添加原料 50kg。

⑤ 启动分解釜，加入淡水搅拌。在 DCS 界面设置 XV-03 的状态为开。在 DCS 界面设置分解釜上的搅拌电机状态为开，设置搅拌速度为 200r/min（也可根据实际情况调节，原矿颗粒大，搅拌强度提高，反之降低）。

⑥ 停止加水。当冷分解水量加至 48.3L 时，设置 XV-03 的状态为关。

⑦ 搅拌时间 10～30min（可根据实际情况调整，颗粒大时冷分解时间长一些，颗粒较小时，冷分解时间短一些）。设置 XV-01 状态为关，等料浆全部进入调和釜之后设置状态为开。

⑧ 调浆。设置 XV-01 的状态为开。设置调和釜搅拌状态为开。设置调和釜搅拌速度为 200r/min。将 2# 油和盐酸十八胺加入调和釜中，盐酸十八胺浓度为 5‰，用量为 400g。2# 油用量为 25g。或者加入三合一浮选剂，使用量为 800g/t（KCl92%），使用条件为 80℃，浓度为 5‰。

⑨ 粗选。设置 XV-04 状态为开。设置粗选槽搅拌电机状态为开。设置粗选槽刮板电机状态为开。粗选时间为 7min 左右。如有母液可将母液加入到粗选槽中。当调和釜中料浆全部出完之后设置 XV-04 状态为关。

⑩ 一次精选。设置精选槽的搅拌电机状态为开。设置精选槽刮板电机状态为开。

⑪ 二次精选。设置精选槽的搅拌电机状态为开。设置精选槽刮板电机状态为开。

⑫ 过滤。当有浮选泡沫进入过滤机时，设置过滤机的状态为开。过滤机的启动还需要现场控制箱启动真空泵，使设备有真空度，能够进行过滤。

⑬ 上料机上料至洗涤槽。设置上料机状态为开。将过滤后的物料送入洗涤槽。

⑭ 洗去滤饼中的滤液。设置洗涤槽的搅拌状态为开，搅拌速度为 200r/min。设置 XV-17 中的状态为开，当进入洗涤槽的水量为 1.9kg 时设置 XV-17 的状态为关。

⑮ 将洗涤料浆离心。XV-16 的状态设置为开，设置离心机状态为开。等料浆全部离心之后设置 XV-16 状态为关。同时启动上料机，将离心过后的物料送入干燥机。

⑯ 干燥物料。设置干燥机的状态为开，确认热送风机状态为开。确认引风机状态为开。确认 XV-19 状态为开。设置加热丝开始加热。

⑰ 等待出料。将 KCl 料桶放在干燥器出口处，经过干燥的 KCl 物料自动排入料桶。

（2）停车操作步骤

① 将进料绞龙状态设置为关。进料绞龙速度设置为 0r/min。

② 将分解釜搅拌电机状态设置为关，搅拌速度设置为 0r/min。

③ 将调和釜搅拌电机状态设置为关，搅拌速度设置为 0r/min。

④ 将粗选槽搅拌电机状态设置为关，刮板电机状态设置为关。

⑤ 将一次精选槽搅拌电机状态设置为关，刮板电机状态设置为关。

⑥ 将二次精选槽搅拌电机状态设置为关，刮板电机状态设置为关。

⑦ 设置 XV-06 状态为关，将粗选槽中母液放出至扫选槽，扫选槽中料浆可以用于提取其他矿物，在此实训中只选出钾肥。

⑧ 将扫选槽搅拌电机状态设置为关，刮板电机状态设置为关。XV-11 状态为开，将扫选槽中的料浆排出到废液槽中。当扫选槽中料浆排完之后设置 XV-06 状态为关，设置 XV-11 状态为关。

⑨ 将一次精选槽和二次精选槽中的料浆排放到废液槽中，设置 XV-08 和 XV-10 状态为开。料浆排尽后，设置状态为关。

⑩ 设置过滤机状态为关。同时在现场将过滤机控制箱上的按钮调至初始状态。

⑪ 设置上料机状态为关。

⑫ 将洗涤槽搅拌电机状态设置为关，设置搅拌速度为 0r/min。

⑬ 将离心机状态设置为关。

⑭ 将上料至干燥机的上料机状态设置为关。

⑮ 将冷风机状态设置为开，将热风机状态设置为关。将 XV-18 状态设置为开，设置 XV-19 状态为关。同时设置加热丝状态为关。

⑯ 等待温度降至室温，设置冷风机状态为关，设置 XV-18 状态为关。设置引风机状态为关。

⑰ 设置干燥器电机状态为关。

⑱ 关闭计算机，关闭电气柜、DCS 柜电源。断掉设备总电源。

2. 实训总结

代表汇报：本次钾肥生产作业操作完毕。

教师提问：通过本次实训你们有什么收获？

学生回答：

五、实训评价

请学习者和教师根据表 5-1-1 的实训评价内容进行自我评价，并将评分标准对应的得分填写于表中。

表 5-1-1　钾肥生产作业操作评价表

评价内容	评价细则	评分标准/分	学生自评	教师评价
操作技能评价（80分）	1.在操作过程中内外操能合理沟通,并且思路清晰	10		
	2.流畅表达指令,接收指令后能有效传递信息	10		
	3.设备检修全面,检修方法正确	5		
	4.阀门开关及 DCS 操作等能够按照正确方法进行	5		
	5.按照正确的停、开车顺序进行操作	5		
	6.汇报时思路清晰,能将自己的所得所想清楚表达	5		
素质评分（20分）	操作过程中体现团队合作精神,注重团队沟通及团队人员参与	10		
评分累计				
总分				

实训 5-2　　钾肥生产过程的工艺计算

一、实训目的

① 了解钾肥生产过程中原料到产品的变化过程，根据物料衡算进行转化率的计算。

② 培养严谨细心的工作态度。

二、实训条件

实训场所：钾肥生产实训基地。

三、相关知识

1.计算所用的基础数据

① 洗涤精钾母液返回量为 0；

② 粗钾泡沫固相组成（I 点）：$W_{KCl} : W_{NaCl} = 90 : 10$；

③ 尾盐浆料固相组成（J 点）：$W_{KCl} : W_{NaCl} = 3 : 9$；

④ 粗钾泡沫经过滤母液后，滤饼 N 含母液量为 20％，即 $W_{E(N)} : W_I =$ 2：8（湿基比）；

⑤ 洗涤料经离心分离后精钾含水量为 6％；

⑥ 浮选中粗钾泡沫（K 点）：$W_{E(K)} : W_I = 3 : 1$（湿基比）；

⑦ 产品中含水量为 2％；

⑧ 气温：15℃；

⑨ 产品规格：93％钾肥。

2. 各物料组成

各物料组成如图 5-2-1 所示。

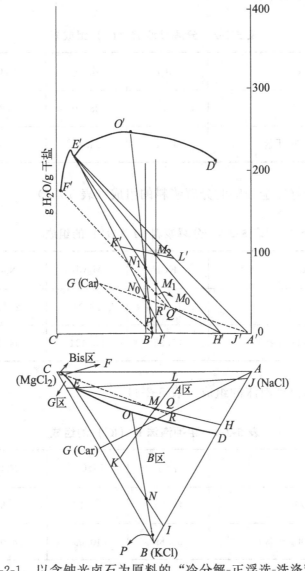

图 5-2-1　以含钠光卤石为原料的"冷分解-正浮选-洗涤"法
生产钾肥的四元相图分析

（1）原矿组成（表 5-2-1）

表 5-2-1　原矿 M（M_0）组成表

组成	KCl	$MgCl_2$	NaCl	H_2O
湿基/%	13.84	20.35	24.10	35.42
干基/(g/100g 干盐)	30.09	44.23	31.97	47.00

（2）分解母液组成（表 5-2-2）

表 5-2-2　分解母液 E（E'）组成表

组成	KCl	$MgCl_2$	NaCl	H_2O
湿基/%	2.76	25.60	1.83	69.81
干基/(g/100g 干盐)	9.14	84.80	6.06	231.24

（3）原矿恰好完全分解时分解浆料的组成（表 5-2-3）

表 5-2-3　分解浆料 M（M^2）的组成

组成	KCl	$MgCl_2$	NaCl	H_2O
湿基/%	10.37	18.04	22.53	9.06
干基/(g/100g 干盐)	20.35	35.424	44.23	96.33

（4）经浮选粗钾泡沫的组成（表 5-2-4）

表 5-2-4　粗钾泡沫 K（K'）的组成

组成	KCl	$MgCl_2$	NaCl	H_2O
湿基/%	24.75	19.12	3.83	52.30
干基/(g/100g 干盐)	51.89	40.09	8.02	109.67

（5）粗钾泡沫经过滤后滤饼的组成（表 5-2-5）

表 5-2-5　滤饼 N（N_0）的组成

组成	KCl	$MgCl_2$	NaCl	H_2O
湿基/%	72.72	5.34	8.15	13.79
干基/(g/100g 干盐)	84.35	6.20	9.45	16.00

（6）洗涤滤饼后的精钾母液组成（表 5-2-6）

表 5-2-6　精钾母液 O（O'）的组成

组成	KCl	$MgCl_2$	NaCl	H_2O
湿基/%	7.43	8.01	13.17	71.39
干基/(g/100g 干盐)	25.98	28.00	46.02	249.50

（7）洗涤浆料的组成（表 5-2-7）

表 5-2-7　洗涤浆料 N（N_1）的组成

组成	KCl	$MgCl_2$	NaCl	H_2O
湿基/%	54.07	3.97	6.06	35.90
干基/(g/100g 干盐)	84.35	6.20	9.45	56.00

（8）经离心分离后精钾的组成（表 5-2-8）

表 5-2-8　精钾 P（P'）的组成

组成	KCl	$MgCl_2$	NaCl	H_2O
湿基/%	91.97	0.73	1.30	6.00
干基/(g/100g 干盐)	97.85	0.78	1.37	6.39

四、实训操作

1. 初开车时的物料衡算

（1）冷分解过程的物料衡算

设：W_0 为分解加水量，单位为 kg/h；

W_E 为分解母液量，单位为 kg/h；

$W_{A(H)}$ 为分解浆料中固相 KCl 的量，单位为 kg/h；

$W_{B(H)}$ 为分解浆料中固相 NaCl 的量，单位为 kg/h。

以 100kg/h 原矿为计算基准，分解釜为衡算对象进行物料衡算。

各物料组成的含量如图 5-2-2 所示。

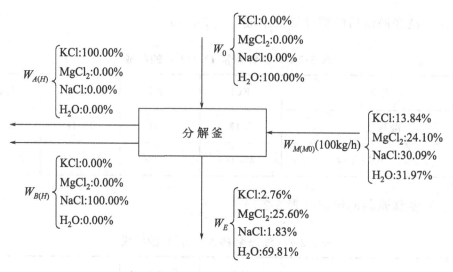

图 5-2-2　冷分解过程各物料组成

由题意得如下方程：

$$100\text{kg/h} \begin{cases} \text{KCl：}13.84\% \\ \text{MgCl}_2\text{：}24.10\% \\ \text{NaCl：}30.09\% \\ \text{H}_2\text{O：}31.97\% \end{cases} + W_0 \begin{cases} \text{KCl：}0.00\% \\ \text{MgCl}_2\text{：}0.00\% \\ \text{NaCl：}0.00\% \\ \text{H}_2\text{O：}100.00\% \end{cases} = W_E \begin{cases} \text{KCl：}2.76\% \\ \text{MgCl}_2\text{：}25.60\% \\ \text{NaCl：}1.83\% \\ \text{H}_2\text{O：}69.81\% \end{cases} +$$

$$W_{A(H)} \begin{cases} \text{KCl：}100.00\% \\ \text{MgCl}_2\text{：}0.00\% \\ \text{NaCl：}0.00\% \\ \text{H}_2\text{O：}0.00\% \end{cases} + W_{B(H)} \begin{cases} \text{KCl：}0.00\% \\ \text{MgCl}_2\text{：}0.00\% \\ \text{NaCl：}100.00\% \\ \text{H}_2\text{O：}0.00\% \end{cases}$$

对 KCl 进行物料衡算：$100 \times 13.84\% = W_E \times 2.76\% + W_{A(H)} \times 100.00\%$

对 MgCl$_2$ 进行物料衡算：$100 \times 24.10\% = W_E \times 5.60\%$

对 NaCl 进行物料衡算：$100 \times 30.09\% = W_E \times 1.83\% + W_{B(H)} \times 100.00\%$

对 H$_2$O 进行物料衡算：$100 \times 31.97\% + W_0 \times 100.00\% = W_E \times 69.81\%$

解得：　　　　$W_E = 94.14\text{kg/h}$ 　　　　 $W_{A(H)} = 11.24\text{kg/h}$

　　　　　　$W_0 = 33.75\text{kg/h}$ 　　　　　 $W_{B(H)} = 28.37\text{kg/h}$

当原矿恰好完全分解时：

① 加入水的量为：$W_0 = 33.75 \text{kg/h}$；

② 分解浆料中 NaCl 的固相量：$W_{A(H)} = 11.24 \text{kg/h}$；

③ 分解浆料中 KCl 的固相量：$W_{B(H)} = 28.37 \text{kg/h}$；

④ 分解原矿所得的分解母液量：$W_E = 94.14 \text{kg/h}$；

所以：$W_H = W_{A(H)} + W_{B(H)} = 11.24 \text{kg/h} + 28.37 \text{kg/h} = 39.61 \text{kg/h}$。

（2）浮选及分离过程的物料衡算

设：$W_{A(I)}$ 为 I 点的 KCl 的量，单位为 kg/h；$W_{A(J)}$ 为 J 点 KCl 的量，单位为 kg/h；$W_{B(I)}$ 为 I 点 NaCl 的量，单位为 kg/h；$W_{B(J)}$ 为 J 点 NaCl 的量，单位为 kg/h。

已知：粗钾泡沫固相组成（I 点）：$W_{KCl} : W_{NaCl} = 90 : 10$；

尾盐浆料固相组成（J 点）：$W_{KCl} : W_{NaCl} = 3 : 97$；

粗钾泡沫（K 点）：$W_{E(K)} : W_I = 3 : 1$（湿基比）。

各物料组成情况如图 5-2-3 所示。

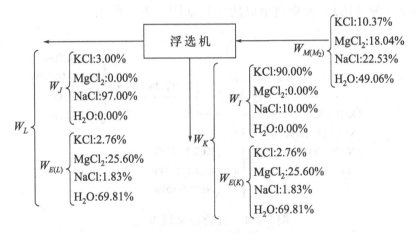

图 5-2-3 浮选及分离过程各物料组成情况

依据物料衡算有：$W_{A(I)} + W_{A(J)} = W_{A(H)} = 11.24 \text{kg/h}$；$W_{B(I)} + W_{B(J)} = W_{B(H)} = 28.37 \text{kg/h}$。

$$W_{A(I)} : W_{B(I)} = 90 : 10 ; W_{A(J)} : W_{B(J)} = 3 : 97$$

$$\begin{cases} W_{A(I)} = 9 \times W_{B(I)} \\ W_{A(J)} = \dfrac{3}{97} \times W_{B(J)} \\ W_{A(I)} = 11.24 - W_{A(J)} \\ W_{B(I)} = 28.37 - W_{B(J)} \end{cases}$$

$$解得：\begin{cases} W_{A(I)}=10.40\text{kg/h} \\ W_{A(J)}=0.84\text{kg/h} \\ W_{B(I)}=1.16\text{kg/h} \\ W_{B(J)}=27.21\text{kg/h} \end{cases}$$

所以：

① 粗钾泡沫产量：$W_K = 4\times(W_{A(I)}+W_{B(I)})=46.24\text{kg/h}$；

② 尾盐浆料分解母液产量：$W_{E(L)}=W_E-3\times(W_{A(I)}+W_{B(I)})=59.46\text{kg/h}$；

③ 尾盐浆料产量：$W_L=W_{E(L)}+(W_{A(J)}+W_{B(J)})=87.51\text{kg/h}$。

（3）过滤过程的物料衡算

设：$W_{E(N)}$为滤饼 N 中高镁母液量，kg/h；W_N 为滤饼量，kg/h；$W_{E(k)}$为粗钾泡沫经过滤后得到的母液量，kg/h。

已知：粗钾泡沫经过滤母液后，滤饼 N 含母液量为 20%，即 $W_{E(N)}:W_I=2:8$（湿基比）。各物料组成的含量如图 5-2-4 所示。

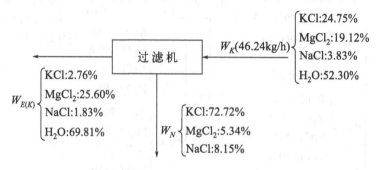

图 5-2-4　过滤各物料组成

由 $W_{E(N)}:W_I=2:8$

得：

$$W'_{E(K)}=W_{E(K)}-W_{E(N)}=3(W_{A(I)}+W_{B(I)})-W_{E(N)}=31.79\text{kg/h}$$

$$W_N=W_K-W'_{E(K)}=46.24\text{kg/h}-31.79\text{kg/h}=14.45\text{kg/h}。$$

（4）洗涤过程的物料衡算

设：W_I 为洗涤用水量，kg/h；W_0 为洗涤母液量，kg/h；$W_{A(N)}$为洗涤料浆中固相 KCl 量，kg/h。

各物料组成的含量如图 5-2-5 所示。

由题意得如下方程：

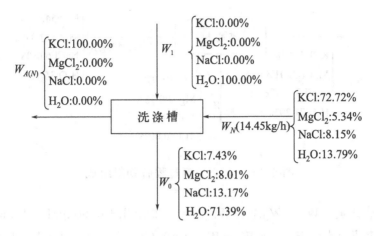

图 5-2-5　洗涤过程各物料组成

$$14.45\text{kg/h}\begin{cases}\text{KCl:}72.72\%\\\text{MgCl}_2\text{:}5.34\%\\\text{NaCl:}8.15\%\\\text{H}_2\text{O:}13.79\%\end{cases}+W_1\begin{cases}\text{KCl:}0.00\%\\\text{MgCl}_2\text{:}0.00\%\\\text{NaCl:}0.00\%\\\text{H}_2\text{O:}100.00\%\end{cases}=W_0\begin{cases}\text{KCl:}7.43\%\\\text{MgCl}_2\text{:}8.01\%\\\text{NaCl:}13.17\%\\\text{H}_2\text{O:}71.39\%\end{cases}+$$

$$W_{A(N)}\begin{cases}\text{KCl:}100.00\%\\\text{MgCl}_2\text{:}0.00\%\\\text{NaCl:}0.00\%\\\text{H}_2\text{O:}0.00\%\end{cases}$$

对 KCl 进行物料衡算：$14.45\times72.72\% = W_0\times 7.43\%+W_{A(N)}\times100.00\%$

对 $MgCl_2$ 进行物料衡算：$14.45\times5.34\% =W_0\times 8.01\%$

对 H_2O 进行物料衡算：$14.45\times13.79\%+W_1\times100.00\% =W_0\times71.39\%$

解得：$W_0= 9.63\text{kg/h}$；$W_{A(N)}= 9.79\text{kg/h}$；$W_1= 4.88\text{kg/h}$。

洗涤料浆产量：$W'_N= W_{A(N)}+W_0= 19.42\text{kg/h}$。

（5）离心分离过程的物料衡算

设：9.79kg/h 的钾肥所带走的精钾母液量为 $W_{0(P)}$，kg/h；离心分离后所得的精钾母液量为 $W_{0(N)}$，kg/h；离心分离后所得到湿精钾量为 $W_{(P)}$，kg/h。

已知：湿精钾的含水量为 6%。

各物料组成的含量见图 5-2-6。

则有：$\dfrac{0.7139\times W_{0(P)}}{9.79+W_{0(P)}}=\dfrac{6}{100}\Rightarrow W_{0(P)}=0.90\text{kg/h}$

洗涤浆料经离心机分离后得到：

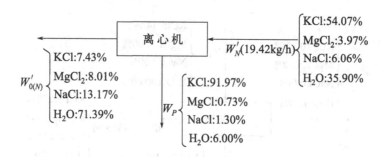

图 5-2-6　离心分离过程各物料组成

① 湿精钾量：$W_P = W_{A(N)} + W_{0(P)} = 9.79\text{kg/h} + 0.90\text{kg/h} = 10.69\text{kg/h}$

② 精钾母液量：$W'_{0(N)} = W_0 - W_{0(P)} = 9.63\text{kg/h} - 0.90\text{kg/h} = 8.73\text{kg/h}$

（6）干燥过程的物料衡算

设：G_2 为干燥后产品的量；W 为蒸发水量。G_2 中 NaCl 含量为 x_A；G_2 中 $MgCl_2$ 含量为 x_C；G_2 中 KCl 含量为 x_B；G_2 中 H_2O 含量为 2%。

已知：由湿精钾的组成可知 $x_1 = 6\%$；$G_1 = W_P = 10.69\text{kg/h}$。

各物料组成的含量如图 5-2-7 所示。

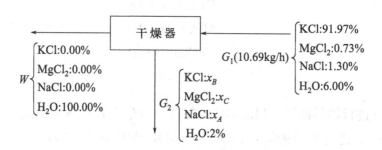

图 5-2-7　干燥过程各物料组成

则有：$G_1(1-6\%) = G_2(1-2\%)$

$$G_2 = \frac{10.69\text{kg/h} \times (1-6\%)}{1-2\%} = 10.25\text{kg/h}$$

蒸发水量：$W = G_1 - G_2 = 10.69\text{kg/h} - 10.25\text{kg/h} = 0.44\text{kg/h}$

对 KCl 进行物料衡算：$10.25 \times x_B = 10.69 \times 91.97\%$

对 $MgCl_2$ 进行物料衡算：$10.25 \times x_C = 10.69 \times 0.73\%$

对 NaCl 进行物料衡算：$10.25 \times x_A = 10.69 \times 1.3\%$

解得：$x_A = 1.36\%$，$x_B = 95.25\%$，$x_C = 0.76\%$

所以产品含量组成见表 5-2-9。

表 5-2-9　产品含量组成

组分	KCl	$MgCl_2$	NaCl	H_2O
湿基/%	95.52	0.76	1.36	2.00

2. 正常生产条件下的物料衡算

根据实际生产情况，为了节约生产用淡水资源及回收精钾母液中的钾，将从离心机甩出来的精钾母液重新利用，进行冷分解。以所得到的精钾母液量作为初值，进行迭代计算。经过初开车时的物料衡算，从离心机甩出来的精钾母液 $W'_{0(N)} = 8.73\text{kg/h}$，返回分解槽中重新利用，进行冷分解，迭代至定值。

（1）冷分解过程物料衡算

设：W_0 为分解加水量，kg/h；

W_E 为分解母液量，kg/h；

$W_{A(H)}$ 为分解浆料中固相 NaCl 的量，kg/h；

$W_{B(H)}$ 为分解浆料中固相 KCl 的量，kg/h。

以 100kg/h 原矿为计算基准、分解槽为衡算对象进行物料衡算。

各物料组成的含量见图 5-2-8：

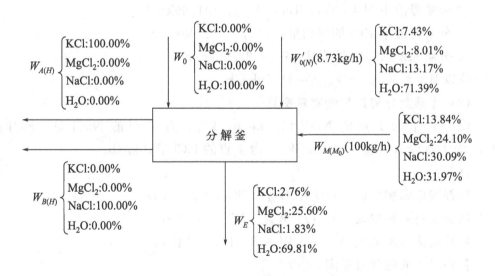

图 5-2-8　冷分解过程各物料组成

由题意得如下方程：

119

$$100\text{kg/h} \begin{cases} \text{KCl}:13.84\% \\ \text{MgCl}_2:24.10\% \\ \text{NaCl}:30.09\% \\ \text{H}_2\text{O}:31.97\% \end{cases} + W_0 \begin{cases} \text{KCl}:0.00\% \\ \text{MgCl}_2:0.00\% \\ \text{NaCl}:0.00\% \\ \text{H}_2\text{O}:100.00\% \end{cases} + 8.73\text{kg/h} \begin{cases} \text{KCl}:7.43\% \\ \text{MgCl}_2:8.01\% \\ \text{NaCl}:13.17\% \\ \text{H}_2\text{O}:71.39\% \end{cases}$$

$$= W_E \begin{cases} \text{KCl}:2.76\% \\ \text{MgCl}_2:25.60\% \\ \text{NaCl}:1.83\% \\ \text{H}_2\text{O}:69.81\% \end{cases} + W_{A(H)} \begin{cases} \text{KCl}:100.00\% \\ \text{MgCl}_2:0.00\% \\ \text{NaCl}:0.00\% \\ \text{H}_2\text{O}:0.00\% \end{cases} + W_{B(H)} \begin{cases} \text{KCl}:0.00\% \\ \text{MgCl}_2:0.00\% \\ \text{NaCl}:100.00\% \\ \text{H}_2\text{O}:0.00\% \end{cases}$$

对 KCl 进行物料衡算：$100 \times 13.84\% + 8.73 \times 7.43\% = W_E \times 2.76\% + W_{A(H)} \times 100.00\%$

对 MgCl_2 进行物料衡算：$100 \times 24.1\% + 8.73 \times 8.01\% = W_E \times 25.60\%$

对 NaCl 进行物料衡算：$100 \times 30.09\% + 8.73 \times 13.17\% = W_E \times 1.83\% + W_{B(H)} \times 100.00\%$

对 H_2O 进行物料衡算：$100 \times 31.97\% + 8.73 \times 71.39\% + W_0 \times 100.00\% = W_E \times 69.81\%$

解得：$\quad W_E = 96.87\text{kg/h} \qquad W_{A(H)} = 29.47\text{kg/h}$

$\qquad\qquad W_0 = 29.42\text{kg/h} \qquad W_{B(H)} = 11.82\text{kg/h}$

当原矿恰好完全分解时：

① 加入水的量为：$W_0 = 29.45\text{kg/h}$

② 分解母液中 NaCl 的固相量：$W_{A(H)} = 31.69\text{kg/h}$

③ 分解母液中 KCl 的固相量：$W_{B(H)} = 12.90\text{kg/h}$

④ 分解原矿所得的母液量：$W_E = 93.96\text{kg/h}$

所以 $W_H = W_{A(H)} + W_{B(H)} = 44.59\text{kg/h}$。

（2）浮选及分离过程的物料衡算

设：$W_{A(I)}$ 为 I 点的 NaCl 量，kg/h；$W_{A(J)}$ 为 J 点的 NaCl 量，kg/h；$W_{B(I)}$ 为 I 点的 KCl 量，kg/h；$W_{B(J)}$ 为 J 点的 KCl 量，kg/h。

已知：

粗钾泡沫固相组成（I 点）：$W_{\text{KCl}} : W_{\text{NaCl}} = 90 : 10$；

尾盐浆料固相组成（J 点）：$W_{\text{KCl}} : W_{\text{NaCl}} = 3 : 97$；

粗钾泡沫（K 点）：$W_{E(K)} : W_I = 3 : 1$（湿基比）。

各物料组成的含量见图 5-2-9。

依据物料衡算有：

$$W_{A(I)} + W_{A(J)} = W_{A(H)} \qquad W_{B(I)} + W_{B(J)} = W_{B(H)}$$

$$W_{A(I)} + W_{A(J)} = 31.69\text{kg/h} \qquad W_{B(I)} + W_{B(J)} = 12.90\text{kg/h}$$

$$W_{B(I)} : W_{A(I)} = 90 : 10 \qquad W_{B(J)} : W_{A(J)} = 3 : 97$$

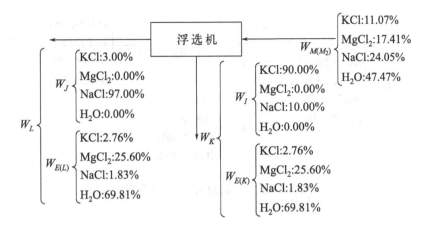

图 5-2-9　浮选及分离过程各物料组成

$$\begin{cases} W_{B(I)}=9\times W_{A(I)} \\ W_{B(J)}=\dfrac{3}{97}\times W_{A(J)} \\ W_{A(I)}=31.69-W_{A(J)} \\ W_{B(I)}=12.90-W_{B(J)} \end{cases} \text{解得:} \begin{cases} W_{A(I)}=1.33\text{kg/h} \\ W_{A(J)}=30.36\text{kg/h} \\ W_{B(I)}=11.97\text{kg/h} \\ W_{B(J)}=0.93\text{kg/h} \end{cases}$$

所以：

① 粗钾泡沫产量：$W_K=4\times(W_{A(I)}+W_{B(I)})=53.20\text{kg/h}$

② 尾盐浆料分解母液产量：$W_{E(L)}=W_E-3\times(W_{A(I)}+W_{B(I)})=54.06\text{kg/h}$

③ 尾盐浆料产量：$W_L=W_{E(L)}+(W_{A(J)}+W_{B(J)})=85.35\text{kg/h}$

（3）过滤过程的物料衡算

设：$W_{E(N)}$ 为滤饼 N 中高镁母液量，kg/h；W_N 为滤饼量，kg/h；$W'_{E(k)}$ 为粗钾泡沫经过滤后得到的母液量，kg/h。

已知：粗钾泡沫经过滤母液后，滤饼 N 含母液量为 20%，即 $W_{E(N)}$: $W_I=2:8$。

各物料组成的含量见图 5-2-10。

由 $W_{E(N)}:W_I=2:8$ 得

$W'_{E(K)}=W_{E(K)}-W_{E(N)}=36.58\text{kg/h}$

$W_N=W_{(K)}-W'_{E(K)}=16.62\text{kg/h}$

（4）洗涤过程的物料衡算

设：W_1 为洗涤用水量，kg/h；W_0 为洗涤母液量，kg/h；$W_{B(N)}$ 为洗涤料浆中固相 KCl 量，kg/h。

各物料组成的含量见图 5-2-11。

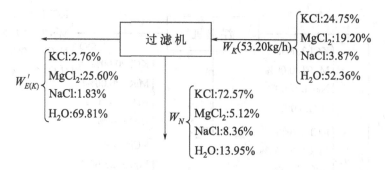

图 5-2-10　过滤过程各物料组成

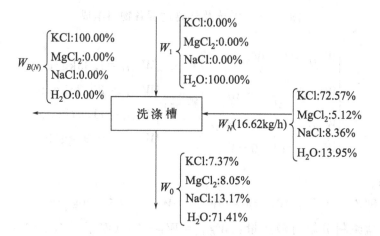

图 5-2-11　洗涤过程各物料组成

由题意得如下方程：

$$16.62\text{kg/h}\begin{cases}\text{KCl}:72.57\% \\ \text{MgCl}_2:5.12\% \\ \text{NaCl}:8.36\% \\ \text{H}_2\text{O}:13.95\%\end{cases}+W_1\begin{cases}\text{KCl}:0.00\% \\ \text{MgCl}_2:0.00\% \\ \text{NaCl}:0.00\% \\ \text{H}_2\text{O}:100.00\%\end{cases}$$

$$=W_0\begin{cases}\text{KCl}:7.37\% \\ \text{MgCl}_2:8.05\% \\ \text{NaCl}:13.17\% \\ \text{H}_2\text{O}:71.41\%\end{cases}+W_{B(N)}\begin{cases}\text{KCl}:100.00\% \\ \text{MgCl}_2:0.00\% \\ \text{NaCl}:0.00\% \\ \text{H}_2\text{O}:0.00\%\end{cases}$$

对 KCl 进行物料衡算：$16.62\times72.57\%=W_0\times7.37\%+W_{B(N)}\times100.00\%$

对 MgCl$_2$ 进行物料衡算：$16.62\times5.12\%=W_0\times8.05\%$

对 H$_2$O 进行物料衡算：$16.62\times13.95\%+W_1\times100.00\%=W_0\times71.41\%$

解得：$W_0=10.57\text{kg/h}$，$W_{B(N)}=11.28\text{kg/h}$，$W_1=5.23\text{kg/h}$

洗涤料浆产量：$W_N' = W_{B(N)} + W_0 = 21.85\text{kg/h}$

（5）离心过程的物料衡算

各物料组成的含量见图 5-2-12。

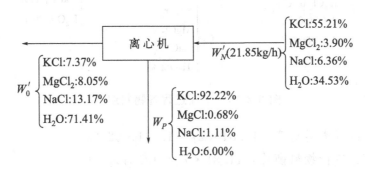

图 5-2-12　离心过程各物料组成

设：11.28kg/h 的钾肥所带走的精钾母液量为 $W_{0(P)}$，kg/h；离心分离后所得的精钾母液量为 $W_{0(N)}'$，kg/h；离心分离后所得到湿精钾量为 W_P，kg/h。

已知：湿精钾的含水量为 6%。

则有：$\dfrac{0.7141 \times W_{0(P)}}{11.28 + W_{0(P)}} = \dfrac{6}{100} \Rightarrow W_{0(P)} = 1.03\text{kg/h}$

洗涤浆料经离心机分离后得到：

① 湿精钾量：$W_P = W_{B(N)} + W_{0(P)} = 11.28\text{kg/h} + 1.03\text{kg/h} = 12.31\text{kg/h}$

② 精钾母液量：$W_{0(N)}' = W_0 - W_{0(P)} = 10.57\text{kg/h} - 1.03\text{kg/h} = 9.54\text{kg/h}$

同理可求得经过第二次、第三次迭代从离心机所得精钾母液，所得精钾母液 $W_{0(N)}'$ 为最终定值，即最终从离心机甩出来得精钾母液 $W_{0(N)}'$ 等于进入冷分解精钾母液返回量。经迭代，最终 $W_{0(N)}' = 9.56\text{kg/h}$ 为定值，返回分解槽冷分解原矿。

（6）干燥过程的物料衡算

设：G_2 为干燥后产品的量；W 为蒸发水量；

G_2 中 NaCl 含量为 x_A；G_2 中 $MgCl_2$ 含量为 x_C；

G_2 中 KCl 含量为 x_B；G_2 中 H_2O 含量为 2%。

已知：由湿精钾的组成可知 $x_1 = 6\%$；$G_1 = W_P = 12.31\text{kg/h}$。

各物料组成的含量见图 5-2-13。

则有：$G_1(1 - 6\%) = G_2(1 - 2\%)$，$G_2 = \dfrac{12.31 \times (1 - 6\%)}{1 - 2\%} = 11.81\text{kg/h}$

蒸发水量：$W = G_1 - G_2 = 12.31\text{kg/h} - 11.81\text{kg/h} = 0.50\text{kg/h}$

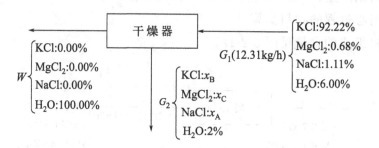

图 5-2-13　干燥过程各物料组成

对 KCl 进行物料衡算：$11.81 \times x_B = 12.31 \times 92.22\%$

对 $MgCl_2$ 进行物料衡算：$11.81 \times x_C = 12.31 \times 0.68\%$

对 NaCl 进行物料衡算：$11.81 \times x_A = 12.31 \times 1.11\%$

解得：$x_A = 1.16\%$，$x_B = 96.13\%$，$x_C = 0.71\%$

所以产品含量组成见表 5-2-10。

表 5-2-10　产品含量组成

组分	KCl	$MgCl_2$	NaCl	H_2O
湿基/%	96.13	0.71	1.16	2.00

3. 实训总结

代表汇报：本次钾肥生产过程的工艺计算学习完毕。

教师提问：通过本次实训你们有什么收获？

学生回答：

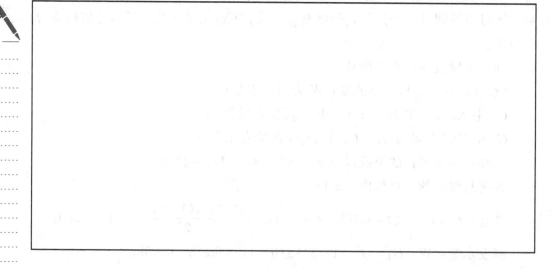

钾肥生产实训指导书 **参考文献**

［1］ 程鹏.反浮选—冷结晶生产钾肥工艺控制研究［J］.中国石油和化工标准与质量，2022，42（24）：163-165.

［2］ 雷炳莲，陈美岭.钾肥生产综合能耗分析及对策［J］.盐科学与化工，2022，51（08）：42-44+49.

［3］ 陈美岭，马珍，王韧，等.新型除尘技术在钾肥生产中的应用及发展［J］.盐科学与化工，2022，51（07）：38-41.

［4］ 李永春，汪宁，刘鑫.钾肥生产结晶的设备及工艺［J］.化工管理，2021，No.590（11）：161-162.

［5］ 梁玉平.钾肥生产过程中钾肥收率的影响因素和提升要点［J］.盐科学与化工，2020，49（10）：34-36.

［6］ 包积福，赵积龙，梁玉平，等.利用"冷分解—正浮选"法生产高品位钾肥的生产优化探讨［J］.盐科学与化工，2020，49（01）：27-29.